美女是怎样炼成的

美女当自强

李丹丹　李姗姗　编著

民主与建设出版社
·北京·

© 民主与建设出版社，2020

图书在版编目（CIP）数据

美女当自强 / 李丹丹，李姗姗编著 . -- 北京：民主与建设出版社，2020.4

（美女是怎样炼成的；2）

ISBN 978-7-5139-2858-8

Ⅰ . ①美… Ⅱ . ①李… ②李… Ⅲ . ①女性—修养—通俗读物 Ⅳ . ① B825.5-49

中国版本图书馆 CIP 数据核字 (2020) 第 064381 号

美女当自强

MEI NV DANG ZI QIANG

出 版 人	李声笑
编　　著	李丹丹　李姗姗
责任编辑	刘树民
封面设计	大华文苑
出版发行	民主与建设出版社有限责任公司
电　　话	（010）59417747 59419778
社　　址	北京市海淀区西三环中路 10 号望海楼 E 座 7 层
邮　　编	100142
印　　刷	三河市德利印刷有限公司
版　　次	2020 年 5 月第 1 版
印　　次	2020 年 5 月第 1 次印刷
开　　本	880 毫米 × 1230 毫米　　1/32
印　　张	5
字　　数	125 千字
书　　号	ISBN 978-7-5139-2858-8
定　　价	238.00 元（全 10 册）

注：如有印、装质量问题，请与出版社联系。

　　提起美女，我们的眼前就会出现容貌娇美、身材玲珑、笑容甜美的青春女子形象。她们就像春天的花朵，点缀着人生的美景；她们又像夏天的树荫，带给人们清凉和宁静；她们还像是秋天的果实，带给人们幸福和欢乐；她们更像冬天的暖阳，带给人们温馨和喜悦。

　　美女的一切都是令人愉悦的，她们柔美、温顺、恬静；她们漂亮、高贵、潇洒，她们是人间的天使，她们是万众的偶像。她们飘然前行于人们仰慕的目光里，她们优雅嬉戏于无限春光中。

　　她们中的很多人大把挥霍着自己的美貌和青春，却单单忘记了一件事，那就是韶华易老，青春易失，人生美好的年华只有短短的数年，待到岁月流逝，光华褪尽，一切都成为过眼烟云，她们只会留下人老珠黄的慨叹和无可奈何的哀鸣，以及被忙碌奔波生活磨光所有光彩的衰老躯体。

　　而另一种人，她们或许并不美丽，但却有独特的气质；不一定炫目，但一定让人感觉很舒服；她的智商不一非常高，但却有很高的情商，足以让她在生活、工作中游刃有余；她的生活中也有烦恼，但一定可以凭自己的智慧去化解。这样的一个女人，虽然没有过人的容貌，但却能凭借内在的气质，使美丽永驻。

　　修炼你的气质，沉淀你的内心，当气质美渗入你的骨髓，纵使岁月无情，你依然能凭着那份灵动、睿智、从容、淡定的气质成为最有魅力的那道风景。那么，女孩到底应该如何提升自己的气质，做个魅力美人呢？

本书就是专门为女孩准备的练就永恒美丽的智慧丛书，包括《生活需要仪式感》《优雅的女人最幸福》《动脑大于动感情》《气质女人的芬芳生活》《金刚芭比：做个又忙又美的女子》》《美女当自强》《做个性格完美的女孩》《做个灵魂有香气的女子》《生活需要你勇敢坚强》《把生活过成你想要的样子》10本。它从女孩的学习、工作、生活、习惯等细节入手，用优美的语言，生动的事例深入浅出地讲述了一个女孩应该如何通过修养自己，完善自己，最终使自己变成有内涵、有价值的魅力女性的人生道理，是一套值得每个女孩学习和收藏的珍品书籍。相信通过本套书的学习，一定会对大家迈向积极的人生之路起到极大的指导作用和推动作用。

目录

第一章
自强美女的气质修炼

　　女人要自强，不是气势上的张牙舞爪，言语里的哗众取宠，也不是态度上的嚣张跋扈，而是"腹有诗书气自华"的淡定，"胸中自有百万兵"的从容。

　　她们的自强不是让人生厌和惧怕，不是要变成一副高高在上的"女强人"模样，而是让人从心底佩服和敬爱。

有气质的女人有底气

气质是指人相对稳定的个性特点，是风格以及气度的心理特点的结合。它总是和一个人的情绪及活动的反映、强度、速度与表现的趋向相联系的。

性格开朗、高雅大方，能显示出聪慧的气质；文质彬彬、风度温文尔雅能显露出高洁的气质；性格直率、坚毅果断，能显露出刚强的气质；性格温柔、秀丽端庄，则表现为恬静、稳重大方的气质。女性真正的魅力主要表现在她特有的气质上，这种气质无论是对异性还是对同性，同样有着吸引力。

然而，绝大多数女性只注重从外表上装扮自己，却从不考虑在心灵上、修养上、气质上加强自己。诚然，俊美的容貌、时尚的服装、精心的打扮，确实能给人以美的享受，使人精神愉快，给人留下美感，但这种外表的美总是暂时的、静态的、肤浅的，似天空中的流星，倏忽即逝，没有生命力。

一个人的容貌形体、外部装饰所表现出的美在整个人体美中只能占一部分，甚至是一小部分。而气质给人的美感是不受年龄、服饰和打扮的制约的，有许多女性并不是大美人，但在她们身上却洋溢着明显的气质美。

科学工作者的认真、执着；教师的博学、聪慧、安详；作家、诗人的洒脱、敏锐；企业家的精明、干练；个体劳动者的顽强、自信；大学生的好学上进、朝气蓬勃……这才是真正的美，和谐统一的美。

人的躯体里蕴藏着组织器官，大脑里却蕴含着思想，思想支配着行动和语言，这就形成了仪表和风度，还包含着一个人的气质，人的气质是无形的，而仪表是有形的，无形的气质通过有形的仪态表现出来，让人感觉它的存在并赋予仪态一种精神内涵，气质和仪态就是一个人的神和形的关系，也是一个人整个形态本质的特征。

气质美不是虚无缥缈、不可捉摸的，而是具体的、有形的，并能通过个人对生活的态度、做事的方法、人际关系体现出来。

女性独具的气质涉及她深层的品质，它带有一种自发力和亲切力，可以净化心灵、温暖人心，使社会充满祥和、同情、友爱。女性独具的气质特征，是温柔、可爱、可亲。

具备这种气质的女性，有人称之为有十足女性味的女性，她感情深沉，只有真诚，没有虚伪。她心胸宽大，总是那么乐观，从不气馁。她豁达大度、善解人意，体谅别人，从不抱怨。

她遇到困扰不慌张、处事得体不过分，受到伤害、委曲不流泪。她总是自尊、自信、自强、自爱地抗拒干扰。她对人不苛求、不忌妒、不猜疑、不发火。她总是彬彬有礼，从不拒人于千里之外，她总是和颜悦色、内秀矜持、端庄贤淑、文雅安详。

另外，气质美需要理想的支持，理想是个人拼搏向上、积极进取的动力，没有理想，就谈不上气质美。品德是女性气质美的又一方面，为人诚恳，心地善良，善解人意，对爱情专一，是中国女性的传统美德，也是现代女性不可缺少的品德。

知识是当代女性立足社会的根本，也是她们自身修养的一个重要方面，没有知识的女性不知道如何去尊重别人和被人尊重，无法去完成社会所赋予的任务，光靠其美丽的脸蛋、窈窕的身材，而胸无点墨，只能称之为"金玉其外，败絮其中"。

气质美还表现在举止上。一举一行，待人接物的风度，均属此列。一步三摇，忸怩作态，自以为很美，其实不然。因此，女性要特别注意自己的举止，要热情而不轻浮，大方而不造作。

女性内秀的气质，最能显示女性美中羞涩的气质美。羞涩以不泯的童贞为基础，是一种单纯、天真的流露。羞涩是善良诚实人格的真实反映。羞涩是女性美中固有的气质，也是东方女性深沉含蓄的特征。

高雅的兴趣也是女性气质美的一种表现。爱好文学并有一定的表达能力，欣赏严肃高雅的音乐且有较好的乐感，喜欢美术且有基本的色彩感，如能掌握一定的形体训练基本功，就更能使女性的生活充满迷人的色彩。

女性独具的气质美，是建立在自尊、自信、自爱、自强的基础上的，并且有母性深沉的内涵和使人感到亲切的特征，是高品位的美，这样的女性，才算具备了真正的气质，也只有这样的女性，才能获得对方的好感，进而获得尊重。

追求美而不亵渎美，这就要求我们每一位热爱美、追求美的女性要从生活中悟出美的真谛，把美的形貌与美的气质、美的德行、美的风度结合起来，只有懂得了这些，女性才能知道如何把美装扮到极致，如何才能把自己的美完善起来。

不要做男人的附属品

女人喜欢时装，喜欢化妆品，这是天性使然。女人虽然心甘情愿地把大量的金钱和精力耗费在打扮自己上，然而，岁月无情，再漂亮的时装、昂贵的化妆品，终究不能挽留住她们的青春。她们慢慢地变老，失去往日娇艳的容貌，于是，常常会听到女人们叹息：何处可以寻找到永恒的美丽？

有这样的一些女人，她们平时不喜欢看书，也不喜欢去接受新知识。其实，书是最经久耐用的时装和化妆品，普通的衣着，素面朝天，走在花团锦簇、浓妆艳抹的女人中间，反而格外引人注目，是气质，是修养，是浑身洋溢的书卷味，使她们显得与众不同。

有这样一个女人，她年逾40，依然独身一人。有人问她一个人生活是不是很孤独，她淡淡一笑说，有那么多书陪伴着我，我的生活怎么会孤独呢？而且我可以从书里学到很多平时学不到的东西，它们可以帮助我重新树立起对生活的信心和勇气，教导我如何做一个自信独立的女人。

对于书，不同的女人会有不同的选择，不同的品位会有不同的格调，必然会得到不同的效果，因而演绎出一道道女人与书的风景线。有的女人读书是为了获取知识，增长才干，她们比较注重思想性强、有哲理、有深度的书。书可以提高她们的人生境界，使她们生活得很充实，这样的女人本身就是一本书，一本耐人寻味的好书。

有的女人读书是为了愉悦身心，陶冶情操，她们喜欢唐诗宋词，读古今中外优美的散文，这样的女人像一首诗，清新素净得可爱；还有的女人，读书只是为了消遣和娱乐，或者只是附庸风雅，她们热衷于缠绵悱恻的言情故事和影星、歌星、名人的花边新闻。

她们比较实际，有点儿俗气，好在她们沾点书的边，通晓一些事理，因此才不会显得更加庸俗。

有人说，漂亮的女人不读书，这话听起来有失偏颇。实际上，确实有些漂亮女人不读书，她们也不会学习更多的才艺，她们总是有忙不完的应酬和交际，根本顾不上读书，这是内因和外因影响的结果，毋庸置疑。

喜欢读书的漂亮女人也有，平时并不刻意梳妆打扮，也不耽误交际应酬，她们把大多数的时间用在读书上，读书对于她们而言，是一种生命要素，是一种生存方式，与"金玉其外，败絮其中"的某些漂亮女人相比，她们是懂得保持生命内在美丽的智者。

我们可以从书中学到很多东西，比如做人的道理，对待生活的态度以及正确的人生观，还可以学到自己生活中受用的本领等。读书的女人，心中有梦想，即使平凡如叶，仍能创造叶的美丽和生活的乐园，把自己引向有花鸟树木、有蓝天白云、有繁星明月的地方。

读书的女人，懂得更多的生活哲理，她们生活情趣高尚，很少去叹息忧郁或无望地孤独惆怅，因为她们懂得与其在那对镜自怜，还不如把时间和精力用来读书，使自己从忧郁的境遇中解脱出来，不怨环境，也无须羡慕别人，在哲思中让心情一天比一天愉快充实。

做美丽、健康、时尚而智慧的女人，几乎是每个女性渴望的幸福目标。而书是带人类从洪荒到启蒙的捷径，是改变一个人最有效的力量之一。塞缪尔·斯迈尔斯在《自助》一书中说："人如其所读（Manis what he read）"，不错，"人是人所读"，一个女人的气质、智慧以及修养，都是和大量读书分不开的。

作为女人，美国女人与中国女人没有太多不同，南非女人与中东女人也不见得有多大差距，相信每个女人都有自己坚定的路要走。做自己想做的女人，改变自己是男人附属品的命运，这不能靠别人来实现而需要女人自身的努力，把自己的人生掌握在自己手中。

读书的女人，她们以聪慧的心、宽广质朴的爱、善解人意的修养、将美丽写在心灵。读书，使她们更潇洒；读书，为她们添风韵，即使不施脂粉也显得神采奕奕，光彩照人。

女人的魅力不是他人所赐

听到别人称赞自己："你是一个有魅力的女人！"相信凡是女性，没有不感到衷心喜悦的吧！

世间女子，有些魅力十足，有些却索然无味。除了像我一样，对自己的魅力缺乏信心，以致在这方面产生自卑情结的人之外，世界上另有一批女性是非常有魅力，会使人不知不觉地被吸引住。

是不是所有美人全都具有魅力呢？事实不然！有些美人冷若冰霜，令人敬而远之，有些并非所谓的美人，却有吸引人的地方。

我接触过各行各业中卓越的女性，其中有颇具魅力的，也有虽然貌美却并不吸引人的，还有些心中认为她的缺点多得无药可救，但却不自觉地被她吸引的人。

有些老年女性，即使是满头银丝，依然具备女性的魅力。这和年龄、容貌、教育程度无关，是经由她的整个人格散发出来的。

年轻的女性对于自己是否具备魅力，想必无法确信。作为一名有魅力的女性，天生的本质的确相当重要。但也可以经由后天的努力培养出来。

因此，从现在开始用心培养自己的魅力，应该不是徒劳无功的事。为了便利学习，下面举出具魅力的女性的条件，以供参考。

第一项条件是有个性。一位容姿姣好的美女，若是毫无个性，就不能算是具有魅力的女性。瞬间的表情、谈吐时的措辞，或是化妆及服装，如果有她个人的风格，将会使人眼睛一亮，为她抢眼的个性吸引住。

以日本作家冈本鹿乃子为例，她绝对称不上美人，容貌甚至有点古怪，然而她的神态、装扮及言行举止，却拥有她个人强烈的风格，那就是她吸引人的地方吧！

她爱过的男人，曾这么感叹着："和她在一起那种充实的人生，我再也不曾体验过。"这种独特的个性，不凡的魅力，也流露在她的作品中。

魅力女性的第二项条件是具备创造力，那是能够独立思考，有思想的女性，那是无法满足于平凡现状，非加以改造不肯放手的女性，那更是厌恶因袭，企图用本身的智慧，增添些许色彩的女性！

为什么别人和她在一起会得到快乐？因为她们能发掘一些新的东西，能借由她的触发，引导出以前未有的新看法。带给别人这种新鲜的惊奇，就是她的魅力所在。人们能从她那里，领受到令人耳目一新的新景观。

第三项条件是肯动脑筋，心思灵活。有些女性反应迟钝，若无人指挥，什么事也做不了，像这种傀儡型的人，毫无魅力可言。凡事先知先觉、心思灵巧，必要时能挺身而出或排解纠纷……拥有这种妻子的丈夫，应该是最幸福的吧！

因此，聪慧贤淑、做事细心，不会使男性焦躁不安，也是有魅力女性的重要条件。

我们常看到一些女性站在路口聊天，丝毫没有顾忌到自己阻塞了交通，妨碍别人行路，她们的行为令人不快。相反地，事事考虑周详，而且乐于助人的女性，无论是当朋友或情人，都能使身旁的人感受到新鲜的魅力。

第四个条件是干净。似乎也有极少数的男人，特别欣赏邋遢的异性，但是绝大部分的人，都很在乎女性的装扮。据此看来，清清爽爽当然也是魅力女性的条件之一。

第五个条件是有恃无恐的从容，诸如对某事感兴趣，或是喜欢深入研究。这种女性多半具有旺盛的生命力，未必会将婚姻视为饭票，因此对婚姻生活的看法也很开放，并不喜欢过着完全依赖对方的日子。

当然，是否拥有完全投入的工作，以及有无谋生能力，是其中的关键。倘若能一直保持前瞻性姿势，活得生气蓬勃，周围的人自然就会感受到好的魅力了。

此外，和这种女性交谈后，必定大有收获，因而交谈者会觉得宝贵的时光并未虚掷，内心欣慰而满足。这是由于她们有经由体验和用功得来的丰富阅历，可说是弥足珍贵的资产。

以上举了五项条件，但还要再加上一点，那就是努力。毕竟天赋加上不断的奋发图强，才可能成为一个真正有魅力的人。

有一位女设计师在演讲中举了一则有趣的例子。她说："诸君之中，如果有人因为腿太粗、形状难看，而感到烦恼的话，做能使腿变细的体操的确不失为好办法，不过，你何不快步走路呢？"

她的建议，或许有人认为"太瞧不起人了！"但其实很有趣。腿太粗，那就快步前进，让别人根本看不清楚，这未尝不是美化双腿的妙方。一位女士的优雅气质，可能就是源自这种幽默，能立即理解他人幽默的女性显得魅力十足，倘若无须矫揉造作，天生具备幽默感的话，那就更棒了。

一个不管别人说什么，总是一脸茫然，过了许久才好不容易领悟出其中奥妙的女性，绝对称不上具有魅力吧！

所谓魅力，是指一个人能够爱上其他的人或事物。一味要求别人施爱，却从不知爱人的女性，毫无魅力可言。日本作家石川达三的小说《少年不识爱》的主角由于成长过程中的谬误，成为一个仅知承受爱，却无法爱人的女子，甚至对于亲生子女，她都没有真爱。

现实生活中是否真有这种女性？完全无法想象。不过，接近这种性格的人，想必是不少的！她们可说是与魅力绝缘的女人。动物中的狗，尚且会对喜欢的人拼命摇动尾巴，以表达心中的喜悦，身为万物之料的人类，如果没能具备这种天赋，实在说不过去。

具有魅力的女性，也可以说是生气蓬勃的人，她那旺盛的生命力将会朝四周散发，使她身边的人，共同分享生存的愉悦。

女主外有何不可以呢

现代女性的生活伦理是：热爱你的工作，把它当成一生一世的事业来经营。因为你观念里已经明白，工作是尊严，不是为了吃饭。偶尔的工作疲倦和厌怠要视为理所当然，并能自我寻求心结上的解脱和休息，且永不放弃。

当"太能干的女人会使男人却步"这句话的已经变成了笑话的时候，大部分的女人都会松一口气，而且愈来愈成功了。她们再也不会害怕自己成就，再也不会放弃能使自己更好的机会了。

为什么男人心目中的自己，一定要比女人或太太好呢？这不是太辛苦了吗？记得我们小学时候，不都是很喜欢班上第一名那个女生吗？心里还暗恋着将来可以娶她当老婆的，为什么长大成年以后，反而无法接受，并排斥比自己优秀的女人了呢？

感谢时代，现在许多男人都能渐渐理解了。我们女人，则是早就明白这种事的：譬如说，一流的厨师是男人这点，从来没让我们这些煮了一辈子饭菜的女人觉得不妥啊！

一流的裁缝师，也常是男人，我们也不觉得威胁嘛！谁能做什么就做，管他是谁？谁的儿子或女儿？管他是男人还是女人。

我们女人一直就有这雅量。

其实，这只不过是脑子里"观念"腐不腐化的问题。千百年来"女子无才便是德"，是怎么千锤百炼地，铸造出了这顽强不破的中国男女观念了？我们当然无能在一夕之间改变一切，但也不是就不能改造了，我们一定要努力地把男人从中解放出来，并让他愿意把怀中揣紧的那块大饼，拿出来与我们女人共享。我们女人是可以大大方方地走出这个世界来了。

我们不再需要在传统和新女性的冲击下矛盾，也不需要在希望和绝望中同时战栗。这不是一个无知或茫然的时代，不再允许我们用随随便便的心态，来过我们为"女性"的一生。

过去，我们也许还有一种自我的沉溺，使我们喜欢当小孩般地被男人呵护着，不愿负责，也不愿真的成长。男人也都习惯了我们是这样在他的胸膛上活过来了。

但是，现在，这样似乎是不够的，我们女人忽然无法再这样适应了，觉得这样有些精神惶恐不安的了。那种由男人划定的女性生命模式，已经从根部翻动了，再也无法满足我们女性的自我提升。

这个世界的担子太重了，光靠男人是扛不起的，它需要更多人去参与。就像一个家庭，也已经不只是母亲就够了，它需要家族成员共同承担。

我们的儿子需要和父亲亲切地交谈，我们女儿也需要对男人有更多的认识。父亲参与了外在社会的工作，整个世界这才变得平衡起来，所谓的分工合作，不再是男主外，女主内这样决然地分开了，女人不再是被动或不需要奋斗的角色了。就是男主内、女主外，或共同主内主外，也没什么矛盾或不合理的呀！

我们这一代的成年男女，大部分都无法一下子从这些想法中转过弯来：我们眼见三十年来，我们的父母，或祖父母是怎么生活的，到了我们自己，却要过着和他们不一样的生活形态，这叫我们在瞬间，怎能扭转得好？

这是需要教育的。这是需要有观念来注入脑里的。

如果我们怀念我们父母那样的日子，如果我们相信依然可以那样地生活，男人们就会活得很累，女人们就会开始哭泣或不耐烦起来。时间一长，我们就会觉得愈来愈不能契合，心灵的距离愈来愈大，双方都可能做出伤害对方的事出来。如果最"新"的男人依然每天直挺地坐在沙发上看报，而最"新"的女人也依然只是乖巧地扎上一条围裙，在厨房里切笋丝……

我们不要那样的日子回来，我们要过两性共同的生活，没有什么内外，没有谁应该是什么角色的问题，我们可以一齐都出外工作，一齐带孩子，一齐煮饭，一齐去应酬，一起研究问题，一齐去狂欢夜游。即使是男主内、女主外也不用怀疑，即使女人咬了太大口的饼，这个世界一样担子沉重，"它"需要男人和女人一齐来担当的。

聪明女人不在小事上斤斤计较

一个聪明的女人，懂得如何表现自己，成熟、优秀、文雅、娴静，各种气质与品位都可以在举手投足间得到最好的体现。聪明的女人，可以没有惊艳的容貌，但不能没有清新淡雅的妆容；可以没有模特的形体，但不能没有匀称的身材；甚至可以没有优越家境的熏陶，但绝对不能没有与世无争、不争名逐利、闲适恬淡的处世态度，不能没有忍耐、理解和宽容的良好品质。

聪明的女人，不管何时何地，懂得以宽容的心去包容。善解人意、宽容大度、胸襟开阔是好女人所具备的品质，更是聪明女人所不可或缺的品位。

英国古代有一句谚语："别为打翻的牛奶哭泣。"意思与我国的覆水难收有几分神似。事情既已不可挽回，那就别再为它伤脑筋好了。错误在人生中随处可遇，有些错误是可以改正，可以挽救，而有些失误就不可挽回了。面对人生中改变不了的事实，聪明的女人自会淡然处之。

很多时候，痛苦常常就是为"打翻了的牛奶"哭泣，常留心结，挥之不去。本来从容、豁达，行之不难，不是什么大智慧，现在却成了社会的稀有之物，成了大智慧，真让人三思。

牛奶已经打翻了，哭又有何用呢？大不了重新开始嘛！有那么难吗？聪明的女人需要爱更需要快乐，但快乐不是拥有的多而是计较的少。人一生要遇到很多不顺的事，女人同样如此。如果你遇事斤斤计较不能坦然面对，或抱怨或生气，最终受伤害的只有你自己。林黛玉最后"多愁多病"含恨离开人世，薛宝钗得到了想要的男人。要知道，容易满足的女人，才会更加幸福。

人生之中，不如意的已经太多，何不拣美好的、真诚的、善意的留在心底，常怀感恩之心看待身边的人和事，笑着面对生活呢？

聪明的女人做事不斤斤计较，总是有能力把复杂的事简单化，简单的事单一化，用一颗平常的心热爱生活，无欲无求，宠辱不惊，这何尝不是一种快乐，不是一种满足，又何尝不是一种超然？

或许你会说我"站着说话不腰疼"，但是，在人生中，有那么多的无能为力的事——倒向你的墙、离你而去的人、流逝的时间、没有选择的出身、莫名其妙的孤独、无可奈何的遗忘、永远的过去、别人的嘲笑、不可避免的死亡、不可救药地喜欢……与其悲啼烦恼，何不一笑而过？

记住该记住的，忘记该忘记的。改变能改变的，接受不能改变的。能冲刷一切的除了眼泪，就是时间，以时间来推移感情，时间越长，冲突越淡，仿佛不断稀释的茶。

如果敌人让你生气，那说明你还没有胜他的把握；如果朋友让你生气，那说明你仍然在意他的友情。

令狐冲说："有些事情本身我们无法控制，只好控制自己。"

我不知道我现在做的哪些是对的，哪些是错的，而当我终于老死的时候我才知道这些。所以我现在所能做的就是尽力做好待着老死。也许有些人很可恶，有些人很卑鄙。而当我设身处地为他着想的时候，我才知道：他比我还可怜。所以请原谅所有你见过的人，好人或者坏人。

快乐要有悲伤作陪，雨过应该就有天晴。如果雨后还是雨，如果忧伤之后还是忧伤，请让我们从容面对这离别之后的离别。微笑地去寻找一个不可能出现的你！

死亡教会人一切，如同考试之后公布的结果——虽然恍然大悟，但为时晚矣。你出生的时候，你哭着，周围的人笑着；你逝去的时候，你笑着，而周围的人在哭！一切都是轮回！

人生短短几十年，不要给自己留下什么遗憾，想笑就笑，想哭就哭，该爱的时候就去爱，无谓压抑自己。当幻想和现实面对时，总是很痛苦的。要么你被痛苦击倒，要么你把痛苦踩在脚下。

生命中，不断有人离开或进入。于是，看见的，看不见的；记住的，遗忘了。生命中，不断地有得到和失落。于是，看不见的，看见了；遗忘的，记住了。然而，看不见的，是不是就等于不存在？记住的，是不是永远不会消失？

我不去想是否能够成功，既然选择了远方，便只顾风雨兼程；我不去想，身后会不会袭来寒风冷雨，既然目标是地平线，留给世界的只能是背影。

后悔是一种耗费精神的情绪。后悔是比损失更大的损失，比错误更大的错误，所以不要后悔。

说来奇怪，女人的心胸具有极大的伸缩性，这大概也算是世界之最了吧。女人的心可以宽阔似大海，也可以狭小如针鼻儿。

生活中，相当一部分女人心胸比较狭小。但是，有其深刻的社会历史原因：

一是长久以来的社会分工。母系氏族社会崩溃后，由于生理方面的原因，女人的活动范围被限定在了较小的空间内。

二是漫长的封建社会对妇女的歧视。几千年的封建社会给女人制定了许许多多苛刻的行为规范，女人必须足不出户，女人必须笑不露齿，女人必须循规蹈矩，女人不能够上学受教育，女人必须在家从父、出嫁从夫，夫死从子。

说不清从什么朝代开始，女人还必须包裹成小脚。女人的思维和行动范围被严格规范在了庭院以内。女人视野的狭窄决定了其目光的短浅和心胸的狭小。

心胸狭小是很多女人的致命弱点。从小处来说，心胸狭小不利于建立和谐温情的家庭关系，不利于形成良好融洽的人际关系；不利于身体和心理的健康。从大处来说，心胸狭小不利于女性家庭地位、社会地位的提高，不利于女性的彻底解放，不利于女性在事业方面的进步和发展。

聪明的女人知道如何去做一个心胸开阔的女人。

聪明的女人会站得更高一些，扩大自己的视野。当我们近距离盯住一块石头看的时候，它很大；当我们站在远处看这块石头时，它很小。当我们立在高山之巅再来看这块石头，已经找不到它的踪迹了。有了更宽广的视野，就会忽略生活当中的很多细节和小事。

聪明的女人努力学习，做生活和事业的强者。嫉妒总是和弱者形影相随的，羸弱而不如人，便会生出嫉妒他人之心。女人应当自尊自强，用自己的努力和能力去证实和展示自己。女人为什么不能像男人那样也成为一棵大树呢。

聪明的女人学习正确的思维方式，学会宽容别人。和丈夫发生不愉快时，多想想丈夫对自己的恩爱；和朋友发生不愉快时，多想想朋友平素对自己的帮助；和同事相处不愉快时，多想想自己有什么不对。看别人不顺眼时，多想想别人的长处。

聪明的女人会设身处地替别人考虑，遇事情多为别人着想，多去关心和帮助他人。聪明的女人会加强个人修养，主动向身边优秀的人学习，善于取他人之长补自己之短，培养独立和健全的人格。另外，多参加健康有益的社会活动和文娱活动。

心胸开阔、性格开朗、潇洒大方、温文尔雅的女人，会给人以阳光灿然之美；雍容大度，通情达理、内心安然，淡泊名利的女人，会给人以成熟大气之美；明理豁达、宽宏大量、先人后己、乐于助人的女人，会给人以祥和善良之美。

聪明的女人，知道如何去做一个心胸开阔的女人。

示弱并非表示我真弱

在日常生活中，我们常用"毫不示弱"来形容一个勇敢的人，但时时处处不示弱的人能得一时之利，有时却难成为最终的成功者。倒是有些人，凡事忍让，不逞能，不占先，心境平和宽容，能抛除私心杂念，不受外人干扰，做事持之以恒。他们即使遇到打击，也不会万念俱灰，因为心境平和，所以能处之泰然。这种人跑得不快，但能坚持到终点。

而向人示威，人人都会，向人示弱却只有少数人才做得到，因为示弱更需要智慧和勇气。聪明的女人，把示弱当成一种允许和必须的价值取向和人生态度，天生的柔弱气质，能够保护她在人生中得到呵护，拥有幸福。柔弱是女人的天性，但现代社会在男女平等的浪潮之下，很多女人开始变得像男性一样独立强硬，这本来无可厚非，不过在生活中，聪明的女人即便不柔弱，也要懂得"示弱"，这是一种生活的艺术，是人生的大智慧。

人，无论是强者还是弱者，都有被人需要、被人尊重的需求，都有超越别人获得心理优越感的需求。

太聪明、太独立的女人容易在事业上取得成功，可是一个人的能力过强，会给他人以很大的压力，与之相处仿佛总是在提醒自身的无能和低劣，这样的女人反而让男人感觉不到温暖，很难与她分享浪漫。

因此，女强人们千万不要把职场上的咄咄逼人带回家，在爱人面前，要懂得迅速转换角色，要学会收敛过强的上进心和自尊心。"清官难断家务事"，夫妻矛盾的解决，既不能冲动，也绝不能靠逞强，只要心里有爱，不妨装装糊涂。

一个常犯小错误但能力出众者，降低了对他人的压力，缩小了双方的心理距离，既维护了他人的自尊，也满足了对方的好胜心理，因而也容易赢得更多人的喜爱。所以，越是事业成功的女人，越要懂得示弱，"白璧微瑕"比"白璧无瑕"更能赢得男人的怜惜与喜欢，少一些指手画脚，男人会感觉轻松一些。

性格倔强的女人，也常用强硬的态度对待生活，宁折不弯，不肯退让半步。但过分要强，会让身边的男人显不出自己的重要性。她们常常很"理智"，却不够"聪明"，在两性关系中，应该强调示弱，并且需要把它和适当的退让和放弃结合起来。这不是在否认女权和独立，而是如何去合理经营家庭感情，或是如何抱着一种正确的心态去寻找幸福。一句话，就是让自己看起来更像个传统意义上的女人，而非一个赚钱机器或"女强人"，但内心还是应该勇敢坚强独立。

在情场上，不肯向男人低头、拒绝男人的照顾，结果除了把自己弄得伤痕累累之外，大多只能落个独自垂泪的后果。刚劲的旋律缺了柔美音符的点缀所造成的遗憾，等同于女人不会示弱，从而丢掉了应有的魅力和美丽。

示威容易示弱难，面对困境与刁难时，微笑是聪明女人防止自己受伤害的最好保护伞，别人暴跳如雷也好、心生怨恨也好，心存宽容，处处包容，始终沉着微笑，以不变应不变，然后终有冰释前嫌的一天。美满婚姻需要女人不断调剂，热情时骄阳似火，让爱人情不自禁；而柔弱如蓓蕾初绽，更令人怦然心动。

生活当中，适当地示弱不但是一种生存的技巧，也是一种坦诚的生活态度，可以帮助我们赢得他人的信任与好感，使自己的发展之路更平坦。与陌生人相处，适当示弱是一种真诚接纳的态度。但大多时候，我们都习惯于在别人面前展示坚强美好的一面，自然地想掩饰自己脆弱不堪的一面，太在意在别人心目中树立完美形象，而那种形象多少是不完全真实的。

有研究社会心理的学家指出，适当地在别人面前表现你比较脆弱的一面，才会让别人相信你有真诚交流的心，会让别人产生想接近的感觉，心理距离可以很快拉近。生活中我们也常看到，特别爱出风头的人总不如平淡谦和的人容易得到大家的喜欢与信任。

　　女人示弱是与男人和谐相处的一个妙招，这叫以守为攻。夫妻相处久了，容易对立，为一件很小的事情偏要争个高下，女人这样是很不明智的，本来家庭生活中就没有道理可言，而女人善于感情用事经常使道理变得更混乱。争论与执拗或许能取得一时胜利，却容易给男人留下不讲理的印象，伤害两人的感情，长此以往，两个人都会觉得无聊与疲惫，只有示弱才是明智的解决办法。示弱不是软弱、懦弱、退缩，而是一种尊重、礼让和宽容。

　　示弱是维持生命生存的需要。在自然界进化的过程中，越是善于示弱的动物，越能有效地保护自己，适应环境的变化。乌龟在遇到强敌时不会与之争斗，而是将自己柔弱的头和四肢缩到硬硬的龟壳内，龟才能活得相当长久。

　　自然界尚且如此，人类更是不例外，适时、适度地示弱，是保护自己的一种方式。示弱是一种"障眼术"，是在自己弱小、无力还击时保护自己免受"硬伤"的一种必不可少的保护手段。

　　示弱是成功的前奏。成功的世界总是留给智慧的人，你有多少弱处其实就有多少失败的可能。不过，再纯的黄金也有一点儿杂质，再亮的光芒也有一丝暗影，揭开华丽衣裙、袒露自己的伤疤，这也是一种勇气，其实只在这样，才会有弥补的机会和可能。

　　许多涉世未深的年轻人急于求成，一开始便摆出一副恃才傲物的姿态，阻断了先辈向自己传授经验的机会，也对以后的发展留下了隐患。

　　示弱是获取胜利的一种战略战术，特别是面对骄横强大的敌人时，示弱是一种非常有效的兵法，可以迷惑对手，令其麻痹大意，然后再选择时机，出奇制胜。

　　从古至今，众多虚晃一招假装败退，再反戈一击灭敌取胜的例子可谓是举不胜举。示弱也是一种成长，弱点会在阳光下得到净化，在自我的反省与改过中会得到改变与升华，心胸能包纳四海、气度能容下苍穹的人才会有这样的觉悟。

　　人世间，阴阳相生相克，刚柔并济共存，高下强弱瞬息万变，没有谁永远占绝对的上风，所谓强弱也不过是一念偏执，其实敢于示弱才是真正强有力的表现，正如中国古老的俗语中说的："包子有肉，不在褶上。"示弱代表一种素质与涵养。

　　示弱不是奴颜婢膝地献媚，那种态度只能得到对方的轻视。

　　示弱并不代表惧怕，怯弱。人的一生很短，大家都是以快乐为最终目的。所以很多时候，用豁达而宽容的态度对待一些年龄渐长、心智尚未成熟的无礼挑衅，犹如太极高手，四两拨千斤，微微一笑间超然世外，对于对手也是极大的打击，犹如蓄势的拳头打在棉花上，只会产生毫无成就感的失落。聪明女人的世界里，平静而理智地处理事情才是最正确而完美的途径，只要坚持自己的立场和观点，坚信自己的理念，就会很快以最优美的姿势到达自己的目的地。

　　生活中，有各种各样的示弱需要，但无论何种类型的需要，都是一种智慧的体现。性别上的示弱。比之于男人，女人最大的好处就是能在某种程度上示弱，可上可下，可进可退，示弱使其拥有了更多的空间。身为女人，应该为自己的性别窃喜，毕竟中国的文化，给予了男人太大的压力，他们只能刚强、勇敢，"男儿有泪不轻弹"，除了铮铮男子汉，他们别无选择，因此，男人生命的长度和韧性常常逊色于女性。

　　同类之间的示弱。不可否认的是，嫉妒是人的天性，而且这种嫉妒更容易发生在和自己年龄、社会地位、经济状况等各方面差不多的朋友和同事之间。适度在同事和朋友面前低头，"自贬"一下，会使由嫉妒产生的"摩擦系数"降到最低。

强者对弱者的示弱。强者的示弱，是在感情上暂时体谅不如自己的人，让对方情感获得慰藉、心理获得平衡的一种待人策略。在相对较弱的人面前，成功者不要一味夸耀自己的成就，应该韬光养晦，不妨多谈谈自己曾经失败的经历、现实的烦恼，刻意淡化自己的光芒，显出一种主动把握生活的自信和从容。

弱者对强者的示弱。弱和强是相对的，在暂时处于弱者位置的时候，人必须示弱，以避锋芒、养精蓄锐、蓄势待发。越王勾践"卧薪尝胆"，最终打败吴国。孙膑遭受刖刑后，经受各种耻辱，最后终于打败庞涓。示弱只是一种手段，通过示弱获得成功才是最终的目的。

示弱，并不代表真正就是"弱"。生活中示弱，可以小忍而不乱大谋；工作中示弱，可以收敛触角并蓄势待发；强者示弱，可以展示博大的胸襟；弱者示弱，可以积累时间渐渐变得强大。

张小娴说过，女人要在两个人的时候柔弱，一个人的时候坚强。张爱玲也曾经说过，善于低头的女人是厉害的女人。越是强悍的女人，示弱的威力越大——男人彻底相信，这个女人只向自己低头。

千万不要以为示弱的女人没有本事，她们虽然低头，但不是一味低头，那些一味低头的女子才是真正弱女人，示弱的关键在一个"示"上。在高情商女人的爱情宝典里，聪明的女人适时流露出天真和弱小，她将收获诸如呵护、疼爱、帮助、信任等一系列的良性结果。

示弱有多种类型，但无论何种形式的示弱，都应做到适度适时。过度示弱，给人的感觉是虚伪或真正的弱小，而真正的弱小是没有价值的。示弱应适时，该示弱的时候就示弱，不该示弱的时候就不能示弱，应讲究原则和把握火候。示弱最好以强大的实力做后盾，才更显其豁达和从容。

聪明女人懂得在自己占据优势的地方给男人足够的空间扑腾，所以，越会示弱的女人，往往更自信。示弱不是处处迁就他，而是给他机会让他逞强，而这个机会，就把握在女人的手上。

首先，真诚地去赞美他。赞美是聪明女人的最常用手段，利用一切可能的机会赞美他鼓励他，让男人觉得他的所作所为非常有价值。即使明明觉得这是一件很容易搞定的事情，也绝对不要因为太简单做到而忽视他的劳动和付出。得到肯定，才会有源源不断的动力。

其次，抓住他对自己得意的地方示弱。男人在完成自己不擅长的事情时，即使做得勉勉强强，也不愿意承认自己能力不够，而多半会在心里归咎于你"麻烦多"。毕竟，示弱是给他机会表现，而不是真的把他当"超人"来解决所有麻烦。去请教他得心应手的问题让他总能很好地完成你的要求，他会乐于帮助，而不会认为你没能力。

最后，用温柔的态度做强硬的事情。即使你想坚决地贯彻你的主张的时候，如果能保持温柔的态度，那就是示弱。在温柔面前，男人们只有缴械投降的分儿，有时甚至连内容都没弄清楚就一口应承下来了。温柔地使唤他，他甘之如饴还不自知被你调遣了呢！

示弱时机也要掌握得恰到好处，自己得意之时，如提升、受奖、获利、扬名、各种人生幸事降临，此时适当示弱，可以保护其他人的自尊心；别人失意时，如竞争失败、名利受损、生活中遭到不幸，此时示弱，显得"彼此彼此"，让人感到"人皆如此，我又何恨"，从而得到安慰；别人赢得成功、荣誉，得到物质利益，在表示祝贺的同时，勇于承认这方面实在"自愧不如"，可保护别人的好胜心和荣誉感。

当然，示弱也是因人而异的。性格开朗、比较风趣的人，不妨通过自我解嘲的玩笑说出来，对于相对内向的人，可以用坦诚真挚的话语表达。很多时候，暴露自己的弱点比极力掩饰自己的弱点更可爱，正如俄罗斯心理学家库斯洛所说的："示弱和坦然，才是自我心理最强的防御。"

示弱可以得到朋友。人际交往是一个互动互酬的过程，在这个过程中，人首先追求的是自我价值的保护和愉悦的情绪。可以不给予物质上的帮助，也可以不对他人的事业发展承担任何义务，但不能不顾别人的感受，让别人享受不到愉快。

假如相处中总是逞强，追求优越的感觉，那么损伤了他人的自尊，破坏了对方的心理平衡，于是他人就会启动自己的心理防御机制，厌恶、逃避和排斥你。示弱可以消除人们的仰视心理，增加被人喜欢的程度。对于"白璧无瑕"的人，人们更多的是仰视，对于所仰视的人，更多的不是喜欢，而是敬畏和避而远之，或是遥不可及的崇拜。

只有适度暴露一些自己的弱点，才会拉近与他人的心理距离，增加接纳性。心理学研究表明，在一定范围内，人们之间的相互信任、相互接纳程度是和彼此之间的相互暴露程度呈正比的。

示弱也有益于我们的事业。"一个篱笆三个桩，一个好汉三个帮"，想要成就一番事业，一要靠自己，二要靠关系。所谓靠自己，首先是要拥有成就事业的才华、学识、气魄、毅力，而要靠关系，则是必须具备良好的人际关系，尽可能减少行进过程中的"摩擦系数"。

拳击运动中，选手们在拳击时，总是先把拳头缩回来再伸出去，拳头才有力度，缩的幅度越大，出击的力量也越强。一个人的示弱，其实就是缩回拳头的过程，它的目的是为了在关键时刻把生命的那只拳头伸得虎虎生威。

示弱有助于消除不满或嫉妒。"木秀于林，风必摧之"，事业上的成功者，生活中的幸运儿，当然会受到人们的称赞和羡慕，但太强硬太出色的人，必然会招来各种嫉妒的眼光。

如果我们不能意识到自己身上那种争强好胜、锋芒毕露的优势心态，就可能于不经意间为自己设置下陷阱，而示弱则可以把由嫉妒、怨恨所生发出来的各种消极作用降到最低。处处逞强、处处占先拔尖的人虽能得一时之利，却难以获得真正意义上的成功，而那些宽容、大度、适时忍让、虚怀若谷的人往往是最终的成功者。

向他人示威、示强，迎合人的社会心理的需求，是人们容易做的，也是乐意做的；而向人示弱却相对要难得多，尤其是适时、适度地示弱更难。毫不示弱代表的仅是勇气，适时适度示弱代表的既是勇气，又是智慧，是勇气加智慧，称得上是一种大气、一种高度、一种境界。

姑娘，请你一定记住：示弱非我弱。

不要让男人看不起你

由于受几千年来"男尊女卑"的传统旧观念影响，整个社会都认为女性是属于家庭的，抛头露面的社会角色不需要她们来承担。在这种因循守旧的观念影响下，很多女性一直处于一种一心依赖男人，以家庭为主的传统意识中，这使得女性社会地位低下，长期受歧视，她们也因此形成了自卑、软弱、顺从、依赖等心理特征。

即便进入现代化转型时期，在许多女性的潜意识里，也依旧有这些思想樊篱存在。过分地依赖甚至会发展成一种心理疾病，也叫"依赖症"。

症状是过多地将个人情感寄托在某个人或人群以及某种物品上，将其看作自己的精神支柱，一旦失去就可能难以承受，甚至精神崩溃。

曾美美最近遭遇了一件很难过的事情。她的父亲不久前病逝了。在曾美美看来，父亲做事很有主见，而母亲则是那种性格比较懦弱的人。

父亲从小就对曾美美非常好，从小到大都一直护送她上学，对曾美美是百依百顺。可是现在，父亲去世了，伤心之余曾美美觉得非常不习惯。

这段时间，老公一直都陪在曾美美身边，不住地安慰她。渐渐地，曾美美现在变得越来越离不开老公了，她简直每天都要跟老公粘在一起，不然就会觉得心里不踏实。

老公是一家软件公司的设计师，经常会出差。可是，曾美美现在非常依赖他，一天见不到他，心里就感到发慌、焦虑。原本以为等父亲去世对自己造成的心理创伤恢复后，这种情况会好一点，可是，曾美美的这种情形一点都没有好转的迹象。

父亲去世半年了，曾美美的心情也慢慢平复下来了，可是心理上已经习惯于一定要找个稳稳地依靠，所以她现在是越来越离不开老公。只要老公出差超过三天，曾美美就会闷闷不乐甚至发脾气，感觉生活没什么意思。因为她没有什么说得上话的朋友，只有一个人独自去逛街。

　　不仅生活上是如此，对待工作她也提不起精神。在老公出差的日子里，她觉得心里空荡荡的，仿佛少了什么似的，心情也会很烦，并且觉得日子特别漫长，总不知道可以做点什么能让自己变得开心。

　　现在情况越来越严重了。如果一天没见到老公，曾美美的心里就发慌，两天不见的话，就已经是极限了。老公一出差，她就会失眠、头晕，连白天都会晕倒在床上，每次都搞得老公不得不提前回来照顾她。

　　其实，曾美美也知道这样很不好，但她就是忍不住要把老公留在身边。哪怕有时候想着自己要独立，不能这么依赖他，但老公一旦真的要出差，她就无论如何都受不了。为此，老公只好放弃了很多次出差的机会，也为此耽误了很多业务合作。

　　不仅是依赖，曾美美还变得疑神疑鬼。有时候老公没有按时回家，她就会觉得很痛苦。有时候她会偷翻他的手机，看看他到底有没有做除了工作之外的事情，如果他偶尔要跟朋友出去玩，她就一定要搞清楚到底是些什么朋友，有没有异性，有没有出轨的事情。

　　这样一来，不仅是曾美美的心理负担加重，老公也变得越来越烦。曾美美自己也很苦恼，她不停地在心里问自己，她这样是不是真的有点心理变态？她该怎么办？

曾美美作为一个成年人，总还像个孩子般地依赖老公。可以看得出她感情脆弱，在精神上和心理上都离不开老公，希望老公能时时在身边，时时关心自己、处处照顾自己，和自己一起分享快乐、分担忧愁。

　　一般来说，依赖严重者大多生活圈子狭小，人际交往不多，情感交流过少。相对来说，女性比男性更容易产生情感依赖，更容易对某个人或物投入强烈的情感。

　　在投入的过程中产生一种需要、满足和依赖的感觉，由此加强内心的自我肯定。这种关系逐渐强化成支撑生活的信念。然而，对人的情感依赖会给被依赖者带来沉重的压力，这种关系一旦失去，依赖症患者往往痛不欲生。其实，依赖男人的女人真的不算是聪明，本以为这种行为能赐予男人强大的机会，可以博得男人的关怀。

　　可是，如果经常这样做的话，那男人就真当她是脆弱至极，感情好点的会把女人当成没能力的孩子，做什么都不放心，自然什么都要过问，不但信任减少，控制欲也就这样养成了。感情糟糕的，干脆直接表达不满：你怎么什么都靠我呀，简直笨死了。

　　独立的女人是不依赖男人的，也更值得男人尊重。实际上，很多人都把物质依赖和精神依赖混淆了，其实，物质依赖还是次要的，女人重要的是精神独立。

　　在一对老夫少妻家，丈夫是美籍华人，他老婆曾经做过演员，结婚后彻底与演艺圈告别，在家成了全职太太，带三个孩子。可她完全没有黄脸婆的架势，即使在家也很注重举止。

　　她每天的生活都安排得很充实，早上跑步，送孩子去上学后她就去学健身，下午回家做家务，然后出门，到咖啡馆看会儿书和报纸，再回家做饭，晚上还要写写东西看看碟。

　　她说："我忙得很，家里什么都是我做主，先生什么都不干涉，钱的问题他也不过问，都由我来安排，我们很平等。"他们之间互相尊重，相互夸奖，完全看不到养家的男人趾高气扬的样子。

这就是相互的反射，这个女人有自己的空间，自己的生活方式，她是独立的个体，而不是附属品，不需要早请示晚汇报。她也很自信，精神世界丰富，重要的是成熟。在她看来，女人不一定非要用钱来证明自己独立，这样反而证明安全感的缺乏，他们是夫妻，是一家人，谁去赚钱都是一样的，只要把自己的位置搞清楚就好。

而前面说的那种依赖心过强的女人，缺的就是这种自我意识，事事不独立，装柔弱，这就形成了恶性循环，导致男人自我欺骗，因为在家被人抬举惯了，自认为很强大，出了家门一旦没了这种依赖，就会产生自卑感。等回家又继续做"家长"，满足于小家带来的领导欲。有依赖心的女人，还会不自觉地要求男人前途光明，做不到就急，咄咄逼人，因为这个男人被她的依赖心搞得"什么都必须懂"，她会错认为他是个了不起的人，假如达不到她的期望，就会很失望，再严重了就会抱怨。其实，这都是两个人相互营造的假象。事实上，女人要独立并不代表要赚多少钱，但一定要有自己的价值，只有自己自信了，才有资格要求别人。

依赖别人，意味着放弃对自我的主宰，当然不会形成自己独立的人格。要克服依赖心理，就要直面自己的问题，坦承依赖的存在，同时要充分认识到依赖心理的危害，学会独立地思考问题，拥有独立的人格和独立的思维能力。要想从情感依赖症中摆脱出来，可以向朋友寻求帮助，多结交朋友，常与亲戚走动，包括向独立性强的人学习等。想摆脱依赖症的女人还要在生活中树立行动的勇气，恢复自信心，培养自立精神，努力对自己的生活做出合理的规划和安排。

此外，丰富自己的生活内容，培养独立的生活能力，也是女人摆脱依赖心理的一种好办法。女人可根据自己的兴趣，或是改变现在的生活方式，或调整工作和生活节奏，做自己喜欢做的事情，以便转移注意力，放松身心。

大气，才是女人的最高境界

很多女人都已走出校门，参加工作多年了，对如何做一个好女人，仍然茫然无知。她们不知道如何对待家人，如何对待朋友，如何对待同事。实际上，做一个好女人很简单，那就是你得要具备一些"气"，而同时又要摒弃一些"气"。

那么，要具备哪些"气"，又该摒弃哪些"气"呢？首先，一个女人应该具备一些耀眼的魅力，这些魅力跟自身的气质休戚相关。并且"气质"有先天的，也有后天形成的，但主要是后天形成的。

例如书卷气，就是后天形成的。作为一个新时代的知性女人，假如只是天天围着锅边转，这样的女人，与专职厨娘何异？

大家都说，重庆码头太浓重，重庆女人很美，但美得有点泼辣、有点野蛮，"淑女"与"书女"一概很少。其实，一个喜爱读书的女人，她的底蕴和散发出来的气质，才是真正能够打动男人的。古语说，腹有诗书气自华，多读书，多看书，那种由内而外的气质，自会令男人欣赏有加，并且流连忘返。其次，是要落落大方，有了书卷气，女人自会大气。跟人斤斤计较，为了一丁点芝麻绿豆的小事钻牛角尖，扯着人吵架，只会让别人伤透脑筋。

女人的大气还表现在很多方面，比如，成家的女人对待老公的朋友就不放心。她们把老公管得太严，喜欢将男人拴在腰带上，这种做法其实很要不得。男人有男人的世界。他有自己的爱好、志趣等，一个女人切莫让丈夫为自己而改变他的本色；更不能抹杀他的个性。给他一个自由的空间，让他有一方展翅飞翔的天空。

要知道外面的世界再精彩，也只不过是一个个小小的驿站，身心疲惫的男人，他永远的归宿是在温暖的家园。守护自己的家，是为丈夫点燃一盏温柔的灯，为他永远敞开一扇门。用灯的光明为他引路，让他不至于迷失方向，敞开不关闭的门，让他的港湾充满温馨。另外，还要有一定的娇蛮气。女人究竟是女人，还是要有一点娇蛮气，才能显现女人的本色。女人不撒娇，就难免得美得凛冽，望而生畏，失去了让人亲近的欲望；女人不刁蛮，又少了点韵味，太过平和，失去了让人征服的欲望。

上面的任何一种气质，只要你具有一种，就是一个可爱的，足够聪明的女人。怕的是你一样都没有。满身的娇气，俗气，小家子气，那么你真的不适合做新时代的女性，更谈不上做一个成功女性。

女人要带一点娇气，偶然耍点小脾气无伤大雅，但是，自以为比有本事，颐指气使、刁蛮跋扈的女人，却很让人头疼。在大街上，经常指着男人鼻子骂的女人，都只能被人看成是泼妇。倘若你肚子里半滴墨水都没有，就会变得俗气。俗气这个东西，是即便你不说话，也会从你的眼神中散发出来的，想掩都掩不住。一个俗气的女人，哪里来的眼界？哪里来的见识？你又怎能抓住男人的心，呵护自己的幸福。

小家子气不纯粹体现在金钱上，而是一种态度。有一种女人，结婚后对老公的行踪完全掌控，她拒绝加入老公的朋友聚会，但是，只要老公和朋友在一起超过一个小时，就会每隔 5 分钟接到一个催促电话询问。还有一种女人，和公婆住在一起，时刻预备着，鬼鬼祟祟地将婆家的好东西一一搬到娘家，连一双袜子都不愿放过。这些小家子气的女人，得到的只能是大家的讨厌。婚后的女人多是感性的，稍不如意，就控制不住自己的感情，耍自己的任性和小脾气。

再加上女人的肚量不够宽广，每当丈夫对不起自己时，就认为自己是天底下最不幸的人；是最大的受害者；是最痛苦的人。为此，因为委屈而一味地要为自己讨回公道，甚至于变本加厉地取闹。殊不知这样做，只能逼的丈夫走上绝情的道路。

识时务者为俊杰。即使丈夫真的做了对不起自己的事情，你一定要冷静地思索，要权衡得失，把握好和丈夫发生争执的度。所谓绵里藏针，以柔克刚。作为妻子不妨多给丈夫一点原谅和宽容。你的宽容，会让他感动，会让他愧疚。唯有愧疚才会有赎罪；也唯有感激才会回报。

风雨同舟中，你能帮他掌舵划桨；艰难困苦中，你能与他一同分享；为丈夫排忧解难，是在他烦恼时，帮他释放心理负担；在成功时，让他在忘乎所以中作出清醒的判断；帮他找准自己的位置，关键时刻用你柔嫩的臂膀，给他力量。事业的成功，才是一个男人真正的成功。男人的成功，来自妻子持之以恒的支持和无私的奉献。"成功男人的背后，一定站着一个伟大的女人"，这是对一个女人的最高褒奖。

好女人就是一本好书，一本给人启迪、让人受益匪浅回味无穷的经典巨著。好女人，在家庭生活中，总是能做到恰如其分，恰到好处。真正的爱，是一种不言回报的付出。女人，为男人提高自己，完善自己，其实也是在为自己活着。因为你在为丈夫付出一切的同时，已经实现了你自身的价值。

第二章
自强美女的智慧生活

　　美女的智慧生活，就是生活准则。自强的女人一般都有远大的理想，高远的目标，她们知道自己要什么不要什么，永远做自己喜欢的事情，她们会为了实现自己的人生理想，努力奋斗，永不懈怠。

知道自己要什么不要什么

梁实秋曾经说过：中年的妙趣在于相当地认识人生，认识自己，从而做自己所能做的事，享受自己所能享受的生活。

对于一个聪明的女人来说，对自我的认知并不一定是中年人的特权。在日渐浮躁的社会里，明确知道自己曾去过何处，今后又要去往何方，生命才有意义。

有这样一种说法：生活质量和品质的提升前提是知道自己想要什么。初听上去，这似乎是很世故的套话，没有表达什么实质性的内涵。事实上，在人的内心深处，的确需要一些目标和框架。

多次世界冠军获得者、亚特兰大奥运会金牌得主阿兰·约翰逊与年轻的新秀、雅典奥运会金牌得主刘翔曾经有过一次历史性的会面，作为早已成名的老运动员和前辈，人们希望他给年轻的刘翔提点建议。

约翰逊想了想后说："刘翔去年赢了奥运会，生活发生了很大的改变，但压力也自然而然地来了。媒体、田径迷们对他的期望值开始提高。我想刘翔应该有一个平和的心态，他应该清楚地知道自己要什么。"

有这样的文字："守一颗心，别像守一只猫。它冷了，来依偎你；它饿了，来叫你；它痒了，来摩你；它厌了，便偷偷地走掉。守着一颗心，多希望像只狗。不是你守着它，而是它守着你。"

原文是说爱情的，但是我觉得它可以扩大到所有的事情上。

作为一个聪明的女人，不应该仅仅只是能够从容面对生活，更能够倾听自己的内心，创造自己想要的生活。

对于一个聪明的女人来说，自知是她的源泉。自知的基础是有主张有认识，知道自己是做什么的，知道自己想要什么、能要什么。无论自己有什么想法，只要能被轻易左右的都是没价值的，能被轻易打乱的都是不够坚定的。

有了生活目标事业追求以后，相信自己一定能行，相信自己能够达到自己想要的那个样子。自知衍生从容，从容导致坚定，坚定决定成就，成就成全安详，女人要知道自己究竟想要什么，才可以活得精彩辉煌。

在我们周围，太多太多的人是生活的被动者，每天疲于奔命，像一只没头苍蝇一样跌跌撞撞，或者把自己扮演成了一个消防队员，急着赶着去扑救生活的火灾。

每一天都在毫无目的地庸庸碌碌中度过，然后，百般懊恼，埋怨命运不公。就像印度诗人泰戈尔所说的，当你为错过太阳而流泪的时候，你已经错过群星了。

要知道，生活就是一面镜子，你如何对待生活，生活也如何对待你。没有明确目标的人，真是连祈祷都无门。神都会说："你自己都不知道自己要什么，我又怎能给你想要的生活？"

要知道，没有明确的目标，你就永远无法到达终点。无论何时何地，要明确自己的目标。多少人每天忙忙碌碌埋头苦干，被工作和生活压力所迫，渐渐地，你的梦想开始淡忘，你的目标开始模糊，人生或定位不清、或目标不明，不知往何处去。

每一天，我们都遇到对自己的人生和周围的世界不满意的人。你可知道，在这些对自己处境不满意的人中，有98%对心目中喜欢的世界没有一幅清晰的图画，他们没有改善生活的目标，没有一个人生目的去鞭策自己。结果是，他们继续生活在一个他们无意改变的世界上。

每年年底的时候，公司总是会要求你对一年的工作做总结，对新一年的工作作出规划。尽管这好像是例行公事，但事实上，回顾自己近年来的工作，为新年的工作做个计划很有必要的。

当你为去年一年的收获而欣喜时，你必须问自己：新的一年我准备做什么？有什么新的计划？这一年里我要完成什么样的目标？有了新的目标，你就像在茫茫大海中航行的小船在前方看到了指明的灯塔，始终能够瞄准目标，加快速度，全力前行。在一年中要这样，在聪明女人的一生中，更应该如此。

如果有机会的话，找一个安静的不被打扰的空间，与自己的心灵对话，列一个清单，把那些你真正的想法具体表述出来，越详细越好，或许你会惊讶，原来，那些名牌的时装并不是你真正想要的东西，放下所有的包袱去九寨沟或者巴黎才是你的短期目标。

聪明的女人给自己定下目标之后，目标就在两个方面起作用：它是努力的依据，也是对自己的鞭策。目标给了你一个看得着的射击靶。随着你努力实现这些目标，你就会有成就感。

对许多人来说制定和实现目标就像一场比赛，随着时间推移，你实现一个又一个目标，这时你的思想方式和工作方式又会渐渐改变。这点很重要。你的目标必须是具体的，可以实现的。如果计划不具体，会降低你的积极性。为什么？因为向目标迈进是动力的源泉，如果你无法知道自己向目标前进了多少，你就会泄气，甩手不干了。

让我们看看一个真实的例子，说明一个人若看不到自己的进步就会有怎样的结果。

1952年7月4日清晨，加利福尼亚海岸笼罩在浓雾中。在海岸以西21英里的卡塔林纳岛上，一个34岁的女人涉水下到太平洋中，开始向加州海岸游过去。

要是成功了，她就是第一个游过这个海峡的妇女，这名妇女叫费罗伦丝·查德威克。在此之前她是从英法两边海岸游过英吉利海峡的第一个妇女。

那天早晨，海水冻得她身体发麻，雾大得连护送她的船都几乎看不到。时间一个钟头一个钟头过去，千千万万人在电视上看着。有几次，鲨鱼靠近了她。被人开枪吓跑。她仍然在游。她的最大问题不是疲劳，而是刺骨的水温。

15个钟头之后她又累又冻浑身发麻。她知道自己不能再游了，就叫人拉她上船。她的母亲和教练在另一条船上。他们都告诉她海岸很近了，叫她不要放弃。

但她朝加州海岸望去，除了浓雾什么也看不到。几十分钟之后——从她出发算起15个钟头零55分钟之后，人们把她拉上船。又过了几个钟头，她渐渐觉得暖和多了，这时却开始感到失败的打击。

她不假思索地对记者说："说实在的，我不是为自己找借口，如果当时我看见陆地也许我能坚持下来。"人们拉她上船的地点，离加州海岸只有半英里！

后来她说，令她半途而废的不是疲劳，也不是寒冷，而是因为她在浓雾中看不到目标。查德威克小姐一生中就只有这一次没有坚持到底。

两个月之后她成功地游过同一个海峡。她不但是第一位游过卡塔林纳海峡的女性，而且比男子的纪录还快了大约两个钟头。

查德威克虽然是个游泳好手，但也需要看见目标，才能鼓足干劲完成她有能力完成的任务。当你规划自己的成功时千万别低估了制定可测目标的重要性。

还有非常重要的一点：聪明的女人总是事前决断，而不是事后补救。聪明的女人未雨绸缪、提前谋划，而不是等别人的指示。聪明的女人不允许其他人操纵自己的生活进程，因为她们知道，不事前谋划的人是不会有进展的。聪明的女人会举出诺亚为例——他可没有等到下雨了才开始造他的方舟。

聪明的女人，也知道自己不要什么。不知道自己要什么很正常，因为一生下来就不知道，但要知道自己不要什么并不容易做到，有时一生都无法知道，这里指的不是战争、饥饿、瘟疫、苍蝇、蚊子等坏东西，而是好东西，比如升职、加薪、分房、出国进修、海外轮岗。

你一定要问，有什么理由拒绝这些好处呢？唯一的理由是，如果得到这些利益，你将离自己最想要的东西越来越远。任何利益都有附加条件，当这些附加条件不符合你的最高利益时，它们就是利益的代价。

这样的利益越多，代价就越大，我们就会离真正的目标越来越远。想想看，有多少人为了分房子而付出职业发展的代价，为了升职或提高收入而去做自己不擅长也不热爱的工作；又有多少人明知自己适合也愿意做职业经理人，却抵不住诱惑，去做创业者，把生意做到了姥姥家。

鞋子合不合适只有脚知道，工作合不合适只有心知道。以自己的心和职业激情为依据选择工作，以便让自己保持对工作的持续热爱，这虽然是一种理想，但我们都有机会尽量靠近它。

靠近的条件不仅要有明确的职业目标，还要懂得放弃不符合职业目标的利益，并培养放弃的勇气和能力。面对选择时，我们要坚持做自己最想做的事，而不被眼前利益所左右。

即使一时不知道自己要的是什么，也不要那些明知自己不真正想要的好东西，免得受其牵累。翅膀上挂着黄金的鸟儿是很难翱翔九天的，放弃让我们的心灵更轻松。

永远做自己喜欢的事情

大仲马在晚年自称著书 1200 部，有人问他："您苦写了一天，第二天怎么还会有精神呢？"

"我根本就没有苦写过。"大仲马说。

"那你怎么写得又多又快呢？"

"我不知道，你去问一股泉水，它为什么总是喷涌不尽吧！"

人们在从事自己喜爱的工作时，总是特别有激情，有创造力，而且容易感到幸福，感到满足。

人的一生短暂而漫长，但很多人只能把自己喜欢的事悄悄搁在心底，再加上一把锁，去做许多该做的事而不一定是自己喜欢的事。

　　活着的理由很多，为工作而活，为责任而活，为别人而活，为许多说不清的道理甚至虚伪和毫无价值的评定而活。从日出到日落，从月圆到月缺，与多少美丽擦肩而过，多少真心喜欢做的事，心里想着惦记着，却一件也没做成，就任青丝变成白发，任额头皱纹缕缕。

　　智者说：人生好似一个布袋，等扎上口的时候才发现，里面装的都是遗憾，还有许多没来得及做的事。

　　聪明的女人选择做自己喜欢的事情，为了生命中少些缺憾、多点美丽，为了在扎上口袋时少一分后悔。

　　生活磨去人的棱角，对女性的改变尤其巨大，为人妻、为人母，一步步耗去她们的精力和心血，从青春美丽变成白发鹤颜，从甜美可爱变成琐碎絮叨，在生活中一点点迷失自己。她们被放在生命的祭坛上，世界因她们而美丽，人类因她们而繁衍不息，除了动听的赞美，徒留下一具被掏空的躯壳。

　　聪明女人不甘心成为生活的牺牲品，她们努力挤出一部分生命给自己，但绝不意味她们不承担责任，不履行义务，不扮好自己的社会角色，她们只是懂得人还应该为自己而活。

　　自己喜欢的事情，就是带着微笑开始，带着微笑结束，身处其中，从不觉得厌倦；

　　自己喜欢的事情，就是再如何艰苦危险，依然满怀期待；

　　自己喜欢的事情，就是明知不能从中得到收益，还依然愿意继续；

　　自己喜欢的事情，就是即使不能因此得到社会地位和名气，还依然无怨无悔；

　　自己喜欢的事情，就是在失去一切之后，还能从里面找到生活下去的勇气……

　　人生苦短，名利的追求之路是那样的漫长艰辛，女人天生没有那么大的野心，什么权倾天下，什么名垂青史，如同那镜中花，水中月，聪明女人能够想象那背后的寂寞与凄凉，与其花上一生时间去追求一场美丽的幻梦，不如踏踏实实地过好每一天。

　　工作很重要，它满足你所有的物质需求，它提供给你未来生活的幸福保障，聪明女人坚持一个前提：工作绝不能与自己喜欢的事情相冲突。她希望自己每天开开心心去上班，心满意足回到家，愉快期待第二天太阳重新升起。

　　男人很重要，选择一个好男人做自己的伴侣，是女人一生里的头等大事，所有女人都会慎重对待。聪明女人从不会委屈自己，不会把金钱、相貌、门第等作为择偶标准，她所要寻找的，一定是一个她自己喜欢的、相处融洽的伴侣。因为喜欢，正是产生爱情的首要基础。

　　家庭很重要，每个女人都梦想有一个幸福美满的家，为了这个目标，她们兢兢业业、任劳任怨地付出。为心爱的人做一顿美味晚餐，让房间保持清洁整齐，很多女人把家庭与家务等同起来。

　　聪明女人也希望让自己的家变得幸福温馨，但她却不愿意从此成为女佣、清洁妇。如果讨厌家务，尽可能请个钟点工来帮忙，否则，不是用爱心烹饪出来的食物不会让享用者感到快乐，不是用爱心整理好的屋子充满着怨气。

　　……

　　生活里重要的事情很多，但是最重要的是自己，是幸福快乐的心情。

　　每个人都有自己喜欢的事情，可是很多时候，人们其实没有选择的机会，现实生活常常阴差阳错。

　　年轻时，每个人都会有自己的梦想，随着岁月流逝，又很容易丢弃它们。聪明的女人却把它们当作自己最珍贵的财富，把自己的时间尽量花在自己真正喜爱的事情上，她们甚至会忘记时光，永远葆有年轻的心态。

在琐碎的生活之余，聪明女人会安安静静地读几页书，会心无旁骛地画几笔画，会快快乐乐地爬几趟山……不求能得到多大的成就，只是因为那是她心中所爱，属于她的东西，任何人也夺不走。

能做自己喜欢之事的人是快乐的人，能做自己喜欢之事的人是幸福的人！

工作可以使一个人高贵，但也可能把人变成禽兽，会休息有时候比会工作更重要。

与人交往，懂得保持距离

有一句话常被我们提起：距离产生美。

距离，既是自由的保障，也是安全的保障。行车有车距，处世亦有距，就连在公共场所，也希望和他人保持一定距离，不要贴得过紧。银行储蓄口、机场检票口，都设立了"一米线"，就是用距离把人群间隔开来，以保障人们的隐私和安全。

现代社会的发展，带来个性化的发展，人在超越时空距离的同时，却又小心地保持着人与人之间的距离。每个人都喜欢有个属于自己的空间，不受他人侵犯。

"离我远一些"，是距离的要求；"给我一点儿自由"，也是距离的要求。的确，与人相处，靠太近了，彼此没有秘密，既失去了神秘感，又失去了吸引力，容易相互厌倦，也容易相互摩擦，产生矛盾。

如果相互离得太远了，就是隔膜、障碍，又容易相互淡忘，变得生疏。就好像对一些太容易得到的东西，我们往往不懂得去珍惜。而对得不到又有机会得到的东西，我们会期待着去争取。

那么，该如何去维持一种不远不近、不长不短、恰到好处的"黄金距离"呢？

有研究说，人与人之间的空间距离就要保持一定的尺寸之内。亲人恋人的身体距离在15-45厘米之间，熟人朋友一般在45厘米至1米之间，社交距离的范围比较灵活，近可1米左右，远可3米以上。至于公共距离，一般都在3米以外。如果侵犯了边界，就会引起人的不安和敌意。

物理的距离可以测算出来，但是合适的心理距离却是一门更加深奥和复杂的学问，给人安全和自由的是"距离"，给人烦恼和忧愁的也是"距离"，最恰到好处的"黄金距离"应该因人而异。

聪明的女人愿意花时间、花心思去摸索与人相处的距离，恋人之间的亲密距离，夫妻之间爱的距离，男性友人的"安全距离"，把握得好，就是一种美，一种艺术。

在此之前，也得注意把握好几项基本原则，自然会事半功倍。

当聪明的女人与男人上演爱情故事的时候，她会吊足了男人的胃口，始终把她与男人之间的距离把握得很到位，如同一场拉锯战，你进我退，你退我进，既不会轻易让男人得逞，也不会让男人掉头走人。

因为聪明女人知道一点，在男人心目中，越是得不到的东西就越有诱惑力，他会越执着。

在男人即将吻过来的时候，她会温柔地将其推开，然后又会在某一个时刻出其不意地扑上去，蜻蜓点水似的给一个小小的补偿。她会把男人在她身上游走的手限定在某一范围内，这个范围内没有任何敏感的器官，让男人又爱又恨，难舍难弃。

聪明的女人珍爱自己，她是最顽强的守卫者，自己的阵地只允许男人觊觎，不允许男人踏入甚至攻城略地。

不管在心中多么中意一个男人，她也绝不会让其轻易得手，因为她知道在男人彻底地拥有她之前，适当的反抗只会让男人更加雄心勃勃，而不会让男人舍她离去。

她知道，在女人面前，男人都有征服女人的欲望，女人越难征服男人就越想征服。聪明的女人也知道，当男人开始想征服她的时候，男人已经被她征服了。

每个人都是一个独立的存在，即使是同床共枕、携手一生的夫妻，你侬我侬，也并不是真的就融为一体、不分彼此。聪明的女人总会为自己保留一片独立的天空，那是完完全全属于她的领地，任何一个男人都不得闯入。

有时候，神秘也是一种浪漫，极度的好奇与刺激都会引发异样的热情。这是女人的聪明，也是她的狡猾。

面对心爱的男人，聪明的女人多半会静静地观察他，男人的优点、男人的缺点都会尽收眼底、了然于心。她可以睁一只眼闭一只眼地看着男人去犯错误，她可以不去做任何追究。

因为她知道，如果男人的心属于她的话，男人走得再远也会知道沿原路返回来。而她，只要在原地等待就可以了。聪明女人永远不会去大吵大闹，她知道那样会亲手把男人逼走。

聪明的女人在一生中不同的阶段要扮演不同的角色，完成不同的角色所承担的任务。谈恋爱的时候，她是温柔的女朋友；结婚之后，她是贤惠的妻子；生育之后，她是称职的母亲；子女成婚生育之后，她又成了慈祥的祖母、外祖母。

而这所有角色的转换，在她身上将会表现得很自然。这种自然的变幻给女人笼上一层圣洁的光环，"可远观而不可亵玩焉"。

"一日不见，如隔三秋"，距离酝酿了温柔缠绵的思念之美；"君子之交淡如水"，距离培育了清纯牢固的友谊之美；"花非花，雾非雾"，距离造就了朦胧凄清的意境之美；"但愿人长久，千里共婵娟"，距离创造了浪漫之美。

距离产生美，美需要距离。

一颗苛求完美的心，就像是一把锋利的刀，会割伤使用它的人。不要把事情做绝了，大事坚持原则，小事一定变通。

爱他人更要爱自己

张小娴曾说："如果你真的没办法不去爱一个不爱你的人，那是因为你还不懂得爱自己。"

用这句话开头，就是让你知道，爱心宝贝不仅要向别人献爱心，而且在爱别人之前要先学会爱自己，学会尊重自己，欣赏自己。

每一个女孩都是降落凡尘的精灵，身为女人你应该学会爱自己，精心经营自己的美丽，关爱自己的健康，呵护自己的心灵，使自己无论何时何地，遇到何种事物都能够淡然从容。

女人是这世间最脆弱的动物，无论是女孩还是女人都容易被伤害，特别是容易为情所困。往往会在失恋后一蹶不振，酿出一幕幕悲剧，在学校的会影响功课，工作的会耽误前程，闲暇时或许会风花雪月，或许会花天酒地、夜夜笙歌。总之，谁都无法预测女人歇斯底里时会发生什么。其实为什么不学会爱自己呢？

爱自己有太多的理由，也有太多的方式，只可惜很多人却没有意识到这一点。失恋的痛苦、生活的挫折和失败，早已让她们脆弱的心灵伤痕累累。

因此，要对着所有的女人大声疾呼：爱别人之前，要先学会自己爱自己，要学会在恶劣的状况下保护自己，让自己的生命更加精彩，而不是成为他人的附属品。

学会爱自己，才不会虐待自己，才不会刻薄自己，才不会强求自己做那些勉为其难的事情，才会按照自己的方式生活，走自己应该走的道路。

学会爱自己，才能在爱情到来的时候不迷失自己，才能在爱情离去的时候把握自己。

从呱呱坠地之初，人就习惯了在外界的关照中看清自己，借镜子来观察自身的容貌，借别人的肯定或赞赏来认识自己的才华，渐渐生出依赖，离开别人的评价便找不到自己的位置。

其实并不是这样的，动物从不需要同类给予肯定就可以生存下去，人作为高等动物，具有思想、意识，为什么就不能自我肯定呢？为什么就一定要从别人的眼光里寻找自身的价值呢？

但是，学会爱自己并不等于自我姑息、自我放纵，而变得自私自利，而是要我们学会勤于律己。人的一生总有许多时候没有人督促我们、监督我们、叮咛我们、指导我们、告诫我们，即使是最深爱的父母和最真诚的朋友也不会永远伴随我们，我们拥有的关怀和爱抚都有随时失去的可能。

这时候，我们必须学会为自己生存，才不会沉沦为一株随风的草。学会爱自己要从今天开始，要从这一刻开始。

人，不应该牵挂未来而焦虑企盼，也不应该对往事反悔惋惜而不能自拔，要知道只有现在这一分、这一秒才是最重要的、才是能确定的。

未来总是会带来希望和失望，过去常常提醒自己的失误，要知道未来和过去都和我们想象的不同，只有现在才是我们可以把握的。

爱自己，就是爱绚烂的太阳、茂密的树林、娇艳的花朵和四季的更替；

爱自己，就是爱每天的三餐、清风和空气，爱雪、爱雨；

爱自己，就是爱自己的生命和他人生存的方式；

爱自己，会在不知不觉中为他人祈祷幸福；爱自己，就是爱所有你认识的人或是所有认识你的人；

爱自己，就是懂得人间处处充满爱的道理。

当一个人不会爱自己的时候，他是不幸的。失去了爱的能力，常常会想尽一切方法来掩盖、来弥补，就像饥渴的沙漠需要水，他需要一切能证明自己存在的东西，需要别人的好言相劝、需要金钱、需要房子、需要名声地位、需要表面的幸福。

但是不管怎样，世界从不会因为某个人而发生改变；不论在我们是幸福的时候，抑或不幸的时候，还是一样充满着爱，空气、水、食物……这都是世界对我们的爱，万物的本质就是爱，一切的一切原来都是爱。

不会把青春当饭吃

　　"青春饭"这个颇有些暧昧意味的词至今已不新鲜，如果一个年轻女人以身体为资本来挣钱，我们就说她是"吃青春饭"。

　　青春的活力就是一种朝气，一种积极向上的人生。青春的时光总是短暂的，因此，在青春时代，有多种生活的尝试，未必不是一件好事，以免在短暂的时光里，留给人太多的遗憾。

　　青春年少时，都以为青春永驻，时光一大把，还有很多的时间可以去享受和浪漫，结果却发现，原先的一年是那样漫长，而今的一天就像一年。

　　女人的青春是黄金，可以要想要的一切。为什么不呢？人总是有牺牲才有壮烈，有失去才会拥有。吃青春的饭，就是吃自己的资本，就是利用自己的资本打造一座桥，用自己的青春连接未来。

　　聪明的女人，不要总是在埋怨中怨恨别人，不要总是在迷惘中怨恨自己，不要以多愁的青春看待未来。青春仅仅是个过程，所有宝贵的东西最后都会变得无有，所有想得到的都会慢慢而来，而人就是在失去中得到和成长的。

　　青春意味着朝阳，青春意味着希望，青春更意味着成功，这才是"青春一族"们生活的真谛。所以，吃青春饭的女人这样想也不无道理。"青春饭"不能说不是正当的职业，但因为总是与外貌身材联系起来，便让人觉得和高尚的职业沾不上边。

　　不少高薪的白领丽人从事的都是青春职业，如文秘、公关、领班、模特等，这些职业的特性决定了其职业的短期行为。

过去，"青春饭"的职业大多指服务和娱乐行业，而今，由于新经济的崛起，技术人员、网络营销、经纪人、基金经理、卡通画家、设计师、时尚分析师……哪个职业不需要青春的敏感与触觉？哪个职业不需要青春的热血与创造力？

崭新的职业群体给"青春饭"的定义注入了新鲜的血液，使之更加具有时代特性。这些吃着"青春饭"的人们除了时尚得体的外表，同样需要靠真才实学和灵动的心，才能让青春真正飞扬起来。

把青春当饭吃，的确痛快，但它有一个局限，就是不能吃一辈子。所以，就算你很讨厌学习，那么在"青春饭"之后，如果你还打算吃"中年饭""老年饭"，就不能停止学习。

一个不继续学习的女人不值得尊重。如果你只是为了手持文凭，学习可以在大学最后一门考试结束时为止。但是如果你将来的目标不仅限于做一个家庭主妇，恐怕一直自虐式的学习就是你唯一的选择。你不想学？没关系，社会会逼着你学。你不见现在几乎连扫地都要上岗证吗？

青春时代是学习的大好机会，反正年轻，可以不耻下问，而且可以努力存钱，在"青春饭"与下一碗饭之间，寻找一个进修的空当。现在愈演愈火的"游学"大军，当中可有不少后"青春饭"一族。

在当今时代，青春一族的新职员们最希望公司的福利不是加薪，不是晋升，而是培训。因为现代女性都明白，貌美是短暂的，职场竞争是激烈的，更是无情的。只靠天生丽质，只有放电没有充电，最终一定会被淘汰。

对女性来说，"不再青春"的定义不是美貌的逝去，而是指因为知识、心态和能力等原因，心理、观念、感觉呈现老态，这才是最忌讳、最害怕的。

知识是有价的，美貌也是有价的。愚昧的女人如同浮在水面的一朵花，靠出卖自己的美貌，换得一碗廉价的"青春饭"，而聪明的女人知道如何追求永恒的"青春"，懂得外秀兼内慧才是真正完美的超强组合。

女人不满足于吃"青春饭"，除了要不断学习，充实自己外，还应可持续性地"吃饭"，不要凭借年轻，透支自己的体力和精力。

有这样一个电视台编导，她整天忙得像鞭抽的陀螺，最骇人听闻的壮举是，有一次为了赶一台节目，一个星期只断断续续地睡了三个小时。在北京奥运会期间，北京电视台记者郑立、俄罗斯著名体育摄影记者尤里·贝科夫斯基和沈阳《球报》的某资深编辑工作时猝死等事件，都说明新闻工作是最典型的"青春饭"。

还有一些所谓作家，一天能码上万字，实在令人难以想象那一个个字是怎样经过他们的脑子的检验又妥帖地排好队的。他们的脑袋像个筐，一个个字就像子弹一样"嗖"的一声打进来，又"嗖"地一下打出去。时间长了，这个筐可能要报废。因为机械的脑力劳动比体力劳动更能摧残人的身心健康。

对于女人而言，更是如此。女人的人生本来是一个不断积累、锤炼和充盈的过程，青春需要奋斗，但这种奋斗应当是可持续的，应当能使人达到一种良性循环，就像孔子那样，从"有志于学"到"而立"到"不惑"到"知天命"到"耳顺"，忙而不乱，一步步抵达"从心所欲不逾矩"的大道境界。

而吃"青春饭"的人透支了生命，将全部的生命活力在短短的青春时代挥发干净，一旦青春凋零，人生暗淡的冬季便立即来临。

所以说，如果吃"青春饭"的女人们还不回头，还一如既往地吃"青春饭"，那前景将是非常可怕的。说了这些，你眼前是否浮现出了那些因透支青春而憔悴苍白、提前枯萎的女人呢？

不做男人的红颜知己

红颜知己，曾经是一个让人产生无限遐想的名词，美丽出众可称之红颜，善解人意才算得上知己。这四个字不知蕴涵了多少美丽的爱情故事，才子佳人的红袖添香，英雄美女的生死相随，痴心儿女的两情相悦……

即使不能长相厮守，也是魂牵梦绕；即使爱到心碎，也是无怨无悔；即使无名无分，也是心甘情愿。

一个红颜知己，比花解语，比玉生香，是古往今来男性给予所钟爱女子的最高称谓。而对于女人而言，她们心底一直都珍藏着一份不食人间烟火的浪漫情愫，能成为心爱男人的红颜知己，曾经是她们的渴望，她们的荣耀。

新的时代里，红颜知己被赋予了新的内涵，成为一种新式男女友谊的代名词，比友谊多一些，比爱情少一些，在妻子、情人、朋友之外的所谓"第四种感情"。

男人和女人之间有没有纯洁的友谊，这个问题曾引起过很大的争论，各执一词，谁也不能说服谁。没有纯洁的友谊，也许就有着不纯洁的友谊，于是便派生了"红颜""蓝颜"之说，友谊被抹上了几分暧昧的绯色，红颜知己也从一个深情款款的恋人变成了一个不食情爱烟火的圣女。

现代有人如此界定红颜知己："做红颜知己最重要的是恪守界限。给他适可而止的关照，但不给他深情，不给他感到你会爱上他的威胁，也不让他产生爱上你的冲动与热情，这是做红颜知己的技巧……

红颜知己全是些绝顶智慧的女孩，她们心底里最明白：一个女人要想在男人的生命里永恒，要么做他的母亲，要么做他永远也得不到的红颜知己，懂他，但就是不属于他……"

真正绝顶聪慧的女孩子恐怕永远不会去做这样的红颜知己。

聪明的女人生命中不乏各种异性，在亲情、爱情之外，她也懂得培养与异性之间的友情，可以约在一起聊聊天，互诉生活中的烦恼事，却拒绝做别人的"红颜知己"，她明白，知己是个很危险的关系，就像是悬崖边的舞蹈，稍微向前一步，就会玩火自焚、粉身碎骨。

不管人们如何为红颜知己辩护，她的身份始终不尴不尬：她与妻子不同，妻子能够理直气壮地拥有整个男人，相依相伴一生；她也与情人不同，男人与情人彼此需要，合则聚不合则分。而红颜知己，扮演的始终是个编外、替补，她恪守自己的本分，不能相守也不可相伴，在男人需要倾诉而又不好向妻子、情人倾诉的时候，她带着盈盈的微笑，耐心聆听，做他烦恼的垃圾桶。

她的兰心蕙质，她的温言软语，只是他烦恼时的救命稻草，而所有的快乐与幸福，都会与妻子、情人分享，红颜知己是最了解他的旁观者，永远也不能介入他的生活。

相对妻子得到的永恒温馨、情人得到的瞬间灿烂，红颜知己获得的只是一份虚无的荣耀。

所以说，所谓的红颜知己，只不过是男人最美丽的谎言，也是女人对自己最美丽的谎言。

聪明的女人，敢于勇敢地质问男人：凭什么在有了一个"当你卧病在床与痛苦激战的时候，拉着你的手慌张无措泪流满面、怕你痛、怕你死，恨不得替你痛，替你死"的老婆后，还要有一个"理解你，愿为你默默分担，让你灵魂不再孤寂，令你欣慰"的红颜知己？

情感付出虽然永远是个不等式，但是不等也是有个限度的，女人如果足够聪明，就不会让自己的付出没有任何回报。

想想看，病痛时，他可以当着很多人的面，与自己的老婆上演一出患难夫妻相濡以沫的悲情好戏，泪里带笑，无所顾忌秀恩爱。而红颜知己，只能站在一个阴暗的角落，在心底默默地为他祝福，却不能有自己任何的表示。

即使一个关怀的眼光，一句可心的话语，也要顾忌来自四面八方投射过来的现实和残酷。

付出了所有的柔情，女人得到的是什么，既不能像情人一样在风雨过后在他怀里撒泼赖皮，也不能像老婆一样夜里 10 点过后理直气壮地催着他回家。

想想看，你只能给他适可而止的关怀，却不能给他深情，不能让他感到你有爱上他的威胁；你不能提及你的牵挂、你的焦虑、你的气恼，永远不能提；你也不能无拘无束地陈述自己的故事，将自己的生命和他的生命连接在一起，更无法将自己介入他的命运转折之中，既不能彼此相爱，也不能真实拥有对方。

完全的无限期的付出，不能求任何回报的奉献，聪明的女人绝不会如此为难自己，把生命里的一部分交付给一个不相干的男人。明知是个无底洞，还一厢情愿地往里面跳，这样的女人是笨女人，这样的红颜知己，不做也罢。

有如此的情怀，还不如一心一意地用来经营自己的家庭，收获实实在在的幸福。女人，要的是被爱和细心的呵护，切莫为了"红颜知己"的虚名而贻误终生。

能够掌握自己的命运

女人要自强的思想和口号已经被提倡很长时间了。可是，现实并不容乐观。在现实生活中，有很多被伤害的女人，她们的真情被欺骗，自己也是一副控诉的态度，抱怨自己命运坎坷、抱怨男人绝情……或许她们是看错了人，也嫁错了人，可是再抱怨又有什么用？

她们并没有意识到自己错在哪里，这样下去，对她们来说并没有什么积极的意义。在这个相对公平的社会，女人的命运是应该由自己掌握的。

当生活变得多姿多彩，当女人懂得了享受生活，当社会开始重视女人时，女人不要忘记：女人要自强。女人要自强，说的是从人格与心理上做到自尊、自爱。

只有尊重自己，才会得到他人的尊重，而不要只做花瓶，毕竟，这个世界不缺少美丽的花瓶。况且花瓶易碎，不堪一击，只能成为过眼云烟，随风而逝。

就算是得到了别墅，开上了宝马，又能怎样，心里真的是幸福快乐的吗？那都是别人施舍来的。与其这样让自己的心灵有负罪感，为什么不选择一种轻松、快乐的生活方式呢？而自强能让生活变得简单而快乐。

女人要自强，因为，男人不是你生活的全部，而只是一部分。不管他的态度是晴还是阴，你都要学会过只有自己的日子。要相信只有充实的生活才会让你充满阳光，也只有充实的生活才会让你更加灿烂。

女人要自强，因为如果你事事都依靠他的话，就会变得卑躬屈膝，永远不能和他处于平等的状态。也许正是因为你的迁就和退让，才让他觉得得到你太容易了，以至于很快失去兴趣，另寻新欢。

很多女人都曾经为爱哭干了泪，伤透了心，于是变得麻木，不再懂得享受生活。其实这完全没有必要，毕竟，这个世界的悲剧有太多太多，何苦还要折磨自己，让自己不好过呢？

有这样一个女人，曾经在出访俄罗斯的一次晚宴后，接受一群记者的采访："如果有一天你身处一个无人的荒岛，你要做的第一件事是什么？"她的回答语惊四座："我要垦荒，为自己创造生存的空间。"这便是吴仪，一个小女子中的大丈夫，女人们心中的巾帼。

作为一个女人，我们本来应该为自己的人生做主，可是许多女人却没有这样做。社会在改变，有的女人的思想却还没有转变。

现在就业压力这么大，很多女孩子都想要找一个金龟婿，以此来逃避找工作的辛苦和社会竞争的巨大压力。那些准备嫁入豪门的女人，请先想想，嫁入豪门真的能让你幸福一生吗？

梦想嫁给一个有钱人的女人们始终以自认为最美丽的姿态在等待，等待白马王子为她们创造美好的未来。如果你问她们的理想是什么，她们一定会告诉你，要找一个疼她、爱她的老公宠着她，给她幸福的生活。

她们深信只要嫁对了人，就一定能做个幸福的小女人，她们从来不会怀疑自己的眼光和判断力。

的确，在现实生活中，没有一个女人，不渴望男人的保护；没有一个女人，不希望找到一个有钱的老公；没有一个女人，不向往幸福的婚姻。

可是著名作家毕淑敏曾说过："婚姻的安全感来自自己，自己安全了，婚姻就安全了。"当女人有自我时，就不会老是企望别人来给自己幸福，不会急着把自己嫁出去，不会因为别人而迷失了自我。因此说，从容地选择，是婚姻的重要保障。

我们不否认爱情的弥足珍贵，也不愿亵渎婚姻的神圣。我们懂得，爱人，会让一个女人变得美丽；孩子，会让一个女人重新找到人生的坐标。浪漫的爱情和幸福的婚姻是每一个女人都向往和追求的，哪个女人不想选择一个好老公呢？

然而，要明白，一个好男人足可以改变一个女人的命运，而一个坏男人，一段不幸的婚姻，也足以毁灭一个女人。

不幸的是，很多女人都把一生的筹码下注在男人身上，有多少女人，曾经是爱情最虔诚的信徒，把爱情视为全部，结果当爱情离去时，自己却是一无所有，不仅掏空了心，也浪费了青春。

仔细想想，如果你的一切都是因为男人得来的，那么当他离开你时，你将怎么办？即使你通过一纸婚书分得他的一半财产，可总有一天会花光，那时你又怎么办？

我们从来不否认有好男人好丈夫存在，可是这毕竟不是大多数，你怎么就肯定自己那么幸运？你拿什么保证你的男人一辈子只会对你好而不会变心？

　　其实，说了这些不是让你怀疑爱情，不是让你排斥婚姻，只是想让你学会自强，不要指望男人为你做好一切。你要知道，人生充满了变数，即使身为一个弱女子，也应该自己掌舵人生。

　　你要做好充分的心理准备面对生活中所有的始料不及，要懂得靠天靠地不如靠自己，即使他给了你所有，也给不了你坚强的性格。所以，女人应该学会自己去应对生活中的种种，应该让自己成为生活的主人。实际上，命运把握在自己的手中，只有自己演绎的人生，才没有遗憾。

　　女人，在爱情和婚姻没有来临之前，请你自己照顾好自己，请你学会自强，不要因为男人的花言巧语而迷失了自我，你可以什么都没有，唯独不能没有自我。

　　以最美的姿态等待爱情和婚姻，不是要你涂脂抹粉，穿戴靓丽，等待他的到来，而是要以一颗平常心面对宠辱，他来了，嫣然一笑，他不来，闲庭信步。

　　在《爱情呼叫转移Ⅱ》中有这样一句话："宁可孤傲地发霉，不可卑微地恋爱。"的确，即便没有爱情，女人也依然可以活得很精彩。即便没有婚姻，女人也依然是一道独特的风景。

　　我们追求爱情和婚姻，但我们从不为了爱情而卑躬屈膝。作为女人，请永远保持你的高姿态。如果你遇上了一个好男人，你要好好珍惜，并有保留地付出你的感情。

　　如果你遇见了一个让你心痛的男人，也不要伤心，而要大胆地做你想做的事情，因为坚强的你，即使没有婚姻也能很好地生活下去，没有他，你的人生会依然辉煌。

　　对于女人来说，自强，就是你的一笔财富；自强，可以让你潇洒地摆脱一段痛苦的感情；自强，可以让你做事更干练。

要记住，女人不是男人的影子，女人也是社会大舞台的主角。靠征服男人得来的世界永远是男人的世界，只有靠自己得来的世界才是自己的世界。

总之，女人当自强，不要一切都指望男人。这对那些还为别人而活的女人来说是很好的建议，请理解接受并且行动吧。

只要认为是对的就去做

自古以来，人们就认为女人成大事不是一件容易的事，但也并不是一件很难的事。只要你不被他人的论断束缚自己前进的步伐，追随自己的热情，自己的心灵，就一定能达到你想要之目的。

剑桥郡的世界第一名女性打击乐独奏家伊芙琳·格兰妮说："从一开始我就决定：一定不要让其他人的观点阻挡我成为一名音乐家的热情。"

她成长在苏格兰东北部的一个农场，从8岁时她就开始学习钢琴。随着年龄的增长，她对音乐的热情与日俱增。但不幸的是，她的听力却在渐渐地下降，医生们断定是由于难以康复的神经损伤造成的，而且断定到12岁，她将彻底耳聋。可是，她对音乐的热爱却从未停止过。

她的目标是成为打击乐独奏家，虽然当时并没有这么一类音乐家。为了演奏，她学会了用不同的方法"聆听"其他人演奏的音乐。她只穿着长袜演奏，这样她就能通过她的身体和想象感觉到每个音符的震动，她几乎用她所有的感官来感受着她的整个声音世界。

她决心成为一名音乐家，而不是一个聋子，于是她向伦敦著名的皇家音乐学院提出了申请。

因为以前从来没有一个聋学生提出过申请，所以一些老师反对接收她入学。但是她的演奏征服了所有的老师，她顺利地入了学，并在毕业时荣获了学院的最高荣誉奖。

从那以后，她就致力于成为第一位专职的打击乐独奏家，并且为打击乐独奏谱写和改编了很多乐章，因为那时几乎没有专为打击乐而谱写的乐谱。

至今，她作为独奏家已经有十几年的时间了。因为她很早就下了决心，不会仅仅由于医生诊断她完全变聋而放弃追求，医生的诊断并不意味着她的热情和信心不会有结果。

罗斯福总统的夫人曾向她的姨妈请教对待别人不公正的批评有什么秘诀。她姨妈说："不要管别人怎么说，只要你自己心里知道你是对的就行了。"

避免所有批评的唯一方法就是只管做你心里认为对的事——因为你反正总是会受到批评的。

作为女人，你要想成就一份伟大的事业，一定不要在别人批评或嘲笑你的选择时动摇甚至放弃。如果你能做到无论别人说什么都认定自己是对的，那么你就会获得很多的成功机会。世界上第一位女医学博士就是靠着对这一细节的把握走向成功的。

"在这个世界上，我到底该干点什么呢？"23岁的伊丽莎白问姐姐玛利恩。她佩服姐姐满足于家务琐事，满足于一本一本地读她所喜爱的书。可是，一个人总不能老是吸收、吸收，而不把吸收来的营养施予他人，去为他人的幸福干一番事业！她在寻求着，寻求着属于她自己的机遇。

一天，伊丽莎白去看望她妈妈的一个朋友，她得了不治之症，将不久于人世。这位病人说："我真不明白，妇女最会照料病人，但却不准当医生，这是为什么？"

停了一下，她又说："如果有一位女医生给我看病，恐怕她能更了解我的病。"

当伊丽莎白第二次去看望这位病人时，她一本正经地问伊丽莎白："你为什么不学医呢？"

伊丽莎白对此感到震惊，因为在这以前，凡是与人体有关的职业，她都讨厌。甚至与医药有关的书，她看都不看一眼。

曾记得在孩提时代，有一次一位生物老师把一只小公羊的眼睛带进教室。一看见那团血糊糊的东西，她就感到一阵恶心，直至今天，她想起来还会不寒而栗。

那位女病人很快去世了，这对伊丽莎白震动很大。她想，既然世界上还没有一个女医生，那么自己为什么不去闯一闯？她在日记中写道："我一定要明确一个奋斗目标。"

她把自己的想法告诉家庭医生马西，但遭到极力反对。

伊丽莎白去拜访她的朋友，《汤姆叔叔的小屋》的作者斯托夫人，征求这位反对蓄奴制的开明作家对学医的意见。斯托夫人的回答也是令人沮丧的。她告诫伊丽莎白，学医是件可望而不可即的事，不但学不成，还会遭到非议。不如搞创作，它可以影响许多读者。

"谁也别想阻拦我！"伊丽莎白心里想。但是，决心虽下，各种各样的问题却随之而来：到哪里去求学？怎么去？向谁学？如何做准备？

她没有钱，一位女朋友慷慨地答应向她提供几千美元的贷款。可是当伊丽莎白准备接受援助时，那位朋友反悔了，说只能借她一百美元。她断然拒绝了这笔款子，但并不灰心。她在日记中写道："我当医生的决心比任何时候都坚定了。"

伊丽莎白的这种性格，是从小形成的。当她6岁时，人们问她长大后要当什么，她回答说："我不知道我要做什么，但一定是不容易做到的事。"

她这个孩子，凡是自己的事，都坚持自己动手，而且非做好不可。还在很小的时候，她就不让别人帮她系鞋带、扣扣子。当别的孩子比她先做完功课，到外面玩耍的时候，她却纹丝不动，不把功课做得自己完全满意，决不离开课桌。

伊丽莎白是11岁时随父母移居美国的。她出生于英国的布里斯托尔。父亲是位具有民主思想的人。他认为世界上所有的人，不分种族、性别，都是平等的，即使是孩子，也应该有他们自己的权利。

伊丽莎自从小受到跟男孩子一样的教育，这同她日后事业上的成功不无关系。

1847年5月的一个早晨，在从查尔斯到费城的轮船上，有一位身穿褐色长袍的女青年。她戴着一顶白色的无檐帽，既无镶边，也无花朵装饰。她便是伊丽莎白。

人们发现她在整个航程中，不像一般女子那样绣绣花，或缝点什么，而是坐在甲板的一张椅子上读着厚厚的一本《解剖学理论》。

到费城后，她去找杰斐逊医学院的爱尔德医生。这位医生对她说："小姐，要成为一个女医生，就像领导一场革命一样困难，但是，你不乏这种气质。"经他介绍，伊丽莎白进了费城解剖学校。

解剖学校的艾伦医生告诉她应该购买哪些用品。他首先拿出一个器械盒说："这样的4个。"然后，他举起一把锋利的小刀"注射器、镊子、剪刀、一个吹管、一个单爪钩和一个双爪钩……"

购买这些东西使伊丽莎白感到不安，因为那时候一个女人走进医学用品商店本身就是不寻常的举动。在商店里她要求看一箱器械并开始检查它们时，竟然招来了围观。

有一个男学生挑衅地问："恐怕小姐是把自己想象成一个医生了吧？""还没有。"伊丽莎白回了一句，匆匆挟着那包东西离开了商店。

解剖室里放着一个人的手臂，是从肩膀处截断的，使人一看就恶心。伊丽莎自觉得头晕目眩。不过她很快镇静下来，看着艾伦医生迅速灵活地将皮肤划开、肌肉、神经和肌腱便一层层显露出来。

在解剖学校以优异的成绩结业后，伊丽莎白迫切地希望进医学院。但是，哪家医学院都不收她。一位赫赫有名的医学博士瓦林顿说："男为医生，女为护士，这是天经地义的事。"于是，有人建议她扮男装去巴黎求学。

"不！"她斩钉截铁地回答："我不要伪装，我要以女人的身份进学校，否则将对后来的妇女有什么好处呢？"

最后，一所不著名的大学——衣阿华州立大学医学院同意接收她为第一名女学生。尽管学校在同意她入学的信上写得冠冕堂皇，但实际上并不欢迎她。

她在给姐姐的信中写道："我把整个衣阿华都吓昏了，人们说我肯定是个坏女人，我的理想日后会慢慢实现的。虽然现在有的人说我有精神病，过不多久就会发疯。"在那里，不论是学生还是学校当局，都对她十分冷漠。

就在这种环境里，伊丽莎白冲破了社会对妇女偏见的罗网，如饥似渴地学习着，拼搏着，终于以名列前茅的成绩取得了毕业证书。她激动地表示："我将终身努力，让荣誉洒落在这张文凭上。"

3个月后，为了实现自己的诺言，她不惜身揣美国医科大学的毕业文凭，到法国去做当时被人认为最下贱的护理工作，以便获得丰富的临床知识。

"开始新的进攻是我的性格。"

两年后，伊丽莎白从巴黎回到美国。

"如果你不让我挂招牌，我又怎么能租这间房子呢？"伊丽莎白对房东说："这是一套医生的房间，对吗？这是你的广告上说的。"

"是的，那是我广告上说的。但是不管怎样，你不能在我的房门上挂牌。"房东说。为什么？因为伊丽莎白是个妇女！圣经上说："女人可以做饭，女人可以缝纫。她们可以护理，照料那些生病的人……"但是房东绝不相信女人可以当医生。

出于无奈，伊丽莎白穿上了自己最漂亮的一身衣服，怀揣精心写好的启事，去拜访纽约第一流报刊——《论坛报》的主编格里利先生。没有想到，格里利先生很痛快地收下这个启事，第二天便登了出来："曾在巴黎产科医院和伦敦圣产科医院任住院医生两年的医学博士伊丽莎白·布莱克威尔女士现已返回本市，在大学区44号开设诊所，设有各科门诊。"

这个启事比挂招牌灵多了。伊丽莎自在一个星期里就收到三封贵妇人请她出诊的信。她去了，不仅得到酬金，并且被推荐给其他病人。

19世纪50年代的纽约，大批穷苦的移民家庭居住在屠宰场和家畜棚旁边，那里臭气冲天，被叫作"热病窝"。但是，那里没有任何医疗设施。

于是伊丽莎白在那里为妇女和儿童设立了一个免费诊所。她认为，对待穷苦病人的态度，是检验医生的试金石。她说："一位真正的医生必须具备以下品质：母爱——温柔——同情心——还有保护他人的精神。"

她经常单身一人在深更半夜出入于贫民区。一次她在路上等公共马车，一个警察过来想调戏她。她便跟他讲起她刚去过的贫苦家庭和那个患了严重猩红热的孩子。

她盯着警察的脸说："如果没有像你这样既有骑士气概、又尊重慈善事业的男子汉，我的慈善工作是无法进行的。我敢在半夜到这个角落里来，是因为我完全相信我能够得到您的保护！"警察被说得面红耳赤，日后真的给了她很大帮助。

她多次到过英国，从王后到百姓，无不对她热烈欢迎，视她为女中豪杰。在那里，她结识了社会改良家、现代护理事业的创始人南丁格尔。共同的事业使她们成了好朋友。可是在美国，她常常陷入困境。如果患者的病情恶化，甚至死亡，人们总要把它归咎于医生是个女人。有人扬言要砸烂医院，杀死女医生。即使病人痊愈，人们仍要问：男医生不是会治得更好吗？

伊丽莎白无所畏惧。她以实际行动教育了无知的人们，以无情的事实纠正了社会偏见。在她的努力下，美国第一所护士学校和纽约妇幼医院终于诞生了。她不断地向一个个新的险峰攀登。

她常说："开始新的进攻是我的性格。"直到晚年，她还在不断地追求。她的著作《健康——神圣的事业》《父母指南》《妇女的创业工作》等，被译成各种文字，广为流传。当她的《健康——神圣的事业》的法文版问世时，她曾说："我很高兴迎接这位小小的老朋友的到来。当我在人们眼中消失以后，它还能为上帝和人类继续做点微小的贡献。"

她一生没有享受过舒适的生活。她没有结婚，没有后代。但她的许多医学理论，如"防重于治"等思想为一代代医学界同仁所推崇；她坚持"教人们保持健康，是医生更为伟大的职责"。

她强调："要首先把患者看成是一个人，其次才把他看成是一个病例，绝不能把病人只是看作科研材料"。在一个多世纪后的今天，她的这种高尚的医德，依旧值得提倡和尊崇！

这位人类文明史上的伟大女性，在她过完89岁生日后3个月的一个早晨，安静地坐在椅子上，令人难于觉察地吸了口气，头微微向前一倾，与世长辞了。一块未经装饰的墓碑上写着："深切悼念医学博士伊丽莎白·布莱克威尔——1821年2月3日生于布里斯托尔，1910年5月23日卒于黑斯廷斯；现代第一位医学专业的女毕业生；第一位载入《英国医学年鉴》的妇女……"

成大事的女人除了要具有无所畏惧、坚持不懈的精神之外，还要注重一个细节，那就是在别人对你的选择进行干涉的时候，什么都不要说，只要你自己认为是对的去做就行了。

第三章

自强美女的婚姻观念

　　自强的女人不愿做依附大树的藤蔓，也不会当依赖他人的懦夫，她们靠自己的能力生存于这个世界，以自己的智慧和双手，在大男子主义横行的各个角落，彰显着自己的气度和风采，实现着自己的远大理想。

要获得婚姻的安全感，就得靠自己

人生百态，各有各的活法，各有各的幸福观。特别是在爱情婚姻的问题上，每个人都有不同的要求与答案。

从社会上的一些现象来看，女人要想获得幸福，往往习惯于把希望寄托在自己的婚姻上，似乎只要能有个好相貌做跳板，就能嫁一个"好男人"，就能获得一辈子的幸福。可是，事实并非如此，一般想依靠相貌嫁个好老公的女人的结局往往是事与愿违。

刘小姐的老公比她大了十多岁。刘小姐本来以为年龄大的人会照顾人，结果完全不是如此，他喜欢在外深夜玩乐，甚至做出对不起刘小姐的事情，而且他一直觉得刘小姐和她的家人都没用，都在依靠他，这更让他觉得自己可以随心所欲。

刘小姐容貌秀丽，性格温柔，一直认为凭借自己的相貌和温柔的性格可以找个好老公，结果却是饱尝了冷落。

在现实生活中有很多结婚的误区，比如因为寂寞而结婚，比如因为感觉年纪大了而结婚……其中最可怕的一条误区是女人因为对自己当下的生活不满意，以为凭借相貌找个好老公结婚就可以解决这些问题。然而，结婚不是万能的，它并不能解决所有的问题。

可以说，绝大部分的男性都喜欢温柔顺从的女人，所以当有女性向他们求助时，除非有深仇大恨，一般都是很乐意拔刀相助的。看到身边的女性对自己有依赖感，大部分男性都会暗自得意，似乎满足了一种虚荣心。

但对于过分依赖的女性，又会觉得"女人真麻烦"，因为男性可以接受的是"适度依赖"。什么是适度？就是既让男性有救人于危难中的自豪感，又不要男性把自己累倒，或是根本帮不上忙反而让他出丑。所以，女人依靠久了，就再也起不来了。

有这样一个真实的故事，或许可以让人们从中得到感悟。

　　我从小是一个害羞的女孩，我总怕别人欺负我，可能个子小又胆小的女孩，多半都会这样吧。当我知道男女之事以后，我就想，一定要找个子高大的男生，这样，谁欺负我，他就会站出来保护我。

　　我的第一位丈夫是我的同学，个子高高的，像个篮球运动员。我俩的学习成绩都不怎么样，谁也用不着瞧不起谁。知根知底的，优缺点都一目了然，按说应该特踏实吧？

　　所以，一有了工作，我们就结婚了。他当了老板的保镖，整天出入那些不三不四的场所，后来认识了一位洗头的小姐。别看我这人个子小，可受不了这种窝囊气，我二话没说，离婚！

　　离了以后，我很快就从打击中恢复过来了，我非要争一口气。这回我找的不但个子要高过你，而且身份钱财都要比你强！

话虽是这样说，但有钱有身份的男人，大姑娘随便挑，干吗非得娶我这么一个二婚女子啊？我分析了一下自己的优势劣势，我长得不错，还因为从小就胆小，所以初次与我接触的人，都以为我挺温柔的。

许多男人最看重的就是女人的温柔，所以我就在这方面下功夫，学着做一个贤妻良母。只要说话声音轻一点，动作慢一点，对小孩子特别疼爱就大功告成了。

当然了，还得练习记住一些童话故事……因为我要找的那种有身份的男人，基本上都是带一个小孩的，你要是能对他的孩子好，他自然会给你加分。于是，我报了社会上的各种学习班，比如家长学校、烹饪班什么的。

之后，我买了一堆报纸刊物，仔细研究，因为条件一目了然，所以一上午浏览百八十个男人的基本情况不是难事。看得多了，也能增长经验，什么人是真心的，什么人是闹着玩的，甚至是想占便宜的，能估计个差不多。虽说里面有骗人的，但我也不是傻子，能分辨出个大致。

后来，我还真找到了一个。个子很高，有钱，有一份体面的工作，有一个很可爱的孩子。一切的一切，都同我预计的一模一样。我给他做很可口的饭菜，逗他的孩子。

我们很快就结了婚。婚礼是到国外旅行了一趟，几乎没通知朋友。我的第二任丈夫说，他不想铺张，只想安安稳稳地过日子。但是后来，我们还是因为感情不和离婚了。

再后来，我很快就有了第三次婚姻。要说我的第二任丈夫什么都没给我留下，这不对。他把一个观念留给了我，就是找一个条件不如自己的人。

这样，你就能把握主动，你可以不要他，他却要巴结着你。于是，我再找丈夫的时候，什么条件都放弃了，只问一条，个儿要超过一米八二。

是的，我也涨了价码了。你可以想到，在这种倒霉的时候，我能有什么好运气？他是一个好吃懒做的人，就靠我的那点收入养活他。等把我吃光了，他就出去找别的女人。

我说要离婚，他觍着脸说，离婚干什么，凑合着过吧。我这是为你着想。像你这种女人，再离婚，谁还敢要你？

我真的懵了，不知道哪里出了问题。我不是一个坏女人，我也没有害过人，可命运为什么对我如此不公？俗话说，事不过三。我为什么三次婚姻都如此不幸？

有时我想，好人和坏人总是有一定比例的吧？这世界上总还是好人多吧？我就是在马路上随便拦住一个人嫁给他，也不至于次次都输得这么惨吧？到底是什么地方出了问题？

一位女士这样讲述她失败的婚姻。她的三任丈夫都有一个共同点，这也是她找丈夫的一个雷打不动的条件——身高。那么，对男人身高的要求后面，寄托的是什么呢？

无非想要的是一份家庭的安全感。是的，婚姻是要给人以安全感的。但最主要的安全感是从哪里来呢？难道是从男人的头发、眼睛、身高以及男人的誓言中来吗？

其实，婚姻的安全感更来自自己。要相信自己，不要把命运寄托在别人身上。这样，即便出了差错，也不会乱了分寸，导致一错再错了。

换句话说，只要自己安全了，婚姻就安全了。

那么，该怎样为自己创造婚姻的安全感呢？答案是要自强。只有自强了，才能把握自己；只有自强了，才能充实自己；只有自强了，才能自立，只有自立才能有资本得到真正的幸福。

女人要明白，男人爱你的容貌，你的容貌终究会老；爱你的权势，你的权势是片树叶，不定哪一天就会被风刮落；爱你的"门当户对"，却不知"门户"也有变更之时……不管爱你的什么，都只是你的当时，今后你会怎么样，今后他会怎么样？谁都不知道。

我们说爱情固然美好，但在追求的过程中，关键是我们要有得到爱情的资本。不要忘了，人是不可能无缘无故得到爱的，单纯为寻求依靠并不能得到真爱。所以，女人要自强。

在爱情、婚姻、家庭中，一般受伤害的是女人，因为女人的弱点就是太轻信，太专一，依赖性太强，感情太脆弱。所以，作为女人，为了你的幸福，为了你的尊严，你一定要自立、自强。

放弃自我的女人，平庸一生

女人千万不要因为依赖而放弃自我。男人不过是"人"字中的一部分，而另一部分总要女人自己去完成。幸福的女人自然对此心知肚明，而有些女人却深深迷醉于自认为是"贤惠"的泡影里。她们的错误在于，不明白"看重男人，并不等于漠视自己"的道理！

自从女人成了妻子，她便将自身的觉悟提高了许多，以为再也离不开那一个山一般坚强的脊梁。事无巨细，皆要请示，大到是否再外出寻找人生价值，小到面对一只蟑螂，她都犹豫不决或是花容失色。丈夫是她生命中的灯塔。

无论在生理上、心理上，男强女弱是事实。现在所说的争平等，争的是社会制度、工作待遇、家庭地位和基本人权的平等。

因为男强女弱，女人天生有一种依赖心理。无论是在夫妇、朋友、同事或同学中，女人总有一种被照顾被优待的渴望，读书时希望有男生献殷勤，做事时希望有男同事助一臂之力。

对于女人来说，男人是她的一根拐杖。

女人知道她不是强大的，她自身的力量十分有限，她时常会站在人潮汹涌的十字街头，茫然无措，找不到前进的路，这时女人就会想到手中的拐杖。但是，女人应该明白的是"男人只是她的一根拐杖"，恰如拥有拐杖的意义在于使路走得更好一样，男人也不过是"人"字中的一个部分，另一部分还需要女人自己去完成。

所以，拐杖之于人，男人之于女人，只是为了更好走路。聪明的女人自然明白这个道理，但是，有一些做了傻事还自认为"贤惠"的女人，就没那么容易觉悟了。她们的错误在于，她们不明白"看重男人，并不等于漠视自己"！

在日常生活中有这样一种女人，她们在别人说话中，不断地随声附和，就像一只应声虫一样。即使对别人的谈话没兴趣，对其内容不理解，也要做出一种像是感兴趣、理解的反应。

这种女人对丈夫唯唯诺诺，凡事看丈夫脸色行事。但是这样的妻子却往往得不到丈夫的欢心。因为她把自己放在了一个不平等的地位，所以丈夫也会觉得没有对手，无所刺激、乏味无聊。一个女人如果老是跟丈夫的影子生活在一起，是没有多少情趣与乐趣的。

等到孩子呱呱落地后，有的女人再次自觉革命，将天下重担一肩挑，这是女人的勇气与魄力。她相信为爱人奉献一切是天经地义的，更为重要的是，女人的思绪走进了巷道，从前以为离不开男人的她，如今却坚信自己是男人的阳光。她不允许自己偷懒，哪怕闲坐几分钟。女人将自己的精力与时间毫无私心地分了出去。

女人在做母亲之前，尤其是结婚前往往把女人的青春看得与生命同等重要。但是结婚之后，特别是有了孩子之后，就意味着再无须用心打扮自己了，有时甚至还不梳头不洗脸。失去了少女的羞怯，不再矜持而有点庸俗，失掉了婚前的灵性，显得有点迟钝。

有了孩子不再买衣服的女人拼命在孩子身上投资，而自己仿佛就在等着衰老与退休。女人一自虐就不可救药，凭什么有了孩子就把自己看作无须新衣的老女人了呢？

说说自己的孩子未尝不可，但是不分场合、对象，不顾忌时间地拿自己的孩子做话题却显出了女人的狭隘浅薄。孩子并不是你的一切，除了孩子，你还是一个独立的女人。

女人有三性：女儿性、妻性、母性。妻性与母性的分寸掌握不好，会使女人失去自我，女儿性如果把握不好，后果依然如此。

有很多女人，尤其是美丽青春的女人，都忍不住地会掉进这个陷阱，就是希望遇到一个非常非常疼爱自己的男人，以便自己轻松度日，有所依靠。

但如果过于依赖男人，会造成许多不可收拾的场面，而且会让你变得不成熟。女人能给予男人最美好的东西，就是成熟的自己。既被男人拥有，又能拥有男人。看来，想做个成熟的女人或想在爱情上旗开得胜的话，就别让依赖成为幸福的绊脚石。

女人不是儿童，自己一定要自觉认识到自己早已不能再贪图享受儿童的专利了。如果舍不得放弃被疼爱的幸福感觉，一味扮演孩子的角色，而结果就会是自己总也长不大。而这样的老小孩本质上是让人讨厌的，因为她已经不是小孩，但是依然贪图不劳而获。

所以，别人如果还小心翼翼地哄她、疼她，也一定是别有所图，而这无非就是捧在手上赏玩罢了！被疼的女人因此就成为别人的玩物，当然也就失去了自己人格的自主与自由了。

今天，随着经济的发展和人们就业观念的转变，有不少职业女性回到家中做起了"全职太太"。这种生活是很多女人愿意接受的。但是接受了这种生活，就容易失去自我的空间。

因此，如果不是万不得已，不要轻易放弃自己的事业，因为事业是你自立的基石，是你自信的资本，是你与社会联系的一条最主要的纽带。无论男人或是女人都永远不要抛弃自我。抛弃了自我的人就是抛弃了幸福，抛弃了人生，活着也就失去了意义。一个人在有益于别人的基础上，还要为自己活着。这也是人生的意义所在。

请擦亮你的慧眼

生活中的很多女人真被"感性"给害惨了！怎么说呢？因为女人普遍在恋爱的时候会变笨，变得孩子气。除了会问"你爱我吗？"这种傻问题，更爱听"是，我很爱你！"这种美丽的谎言。男人的谎言是被女人逼出来的。

谎言听到最后，往往落得悲剧收场。女人们因为不够理性，而错失为自己选择好对象的机会。

有很多好男人，看起来并不起眼：他可能外表木讷，可能五官平凡，也可能没有事业基础；不但有"穷"气，恐怕还有"酸"气：老背着一个有些褪色的书包，穿一双毫不起眼的旧皮鞋，用着三年前就已经停产的手机……问题是：若干年后，这些东西和他又有什么关系？

女人真的需要一双慧眼。也许当年最看不上眼的他，多年以后事业有成，学会装饰修饰，加上自信，摇身一变成为充满魅力的男人。从前看他瘦瘦小小，中年发福后刚刚好；本来怎么看都是乳臭未干的小毛头，中年以后添上皱纹，俨然就是智慧的象征……

所以，一个女孩要选择理想的终身伴侣，就应该运用一点想象力，想想眼前这张脸，10年后会变成什么样子？即使你的男朋友现在是个有钱的大少爷，10年以后保证还会是吗？或者正因为财富来得太容易，致使他得意忘形、游戏人生呢？

女人要婚姻幸福，一开始就不能错！

也有人年轻时嫁了个又穷又不像样的丈夫，同甘共苦了一二十年，到最后做丈夫的却狠心抛弃糟糠妻，另娶年轻貌美的新人。若真不幸遭遇这种情形，女人们应该尽快振作起来，加倍努力，让自己充满自信和自爱，因为那不是你的错。

千万不要为了任何一个人，失掉自己的信心。

我们常常听到一些上了年纪的女人说："因为年老色衰，所以先生不爱我了。"即使是，那也只是原因之一。其实男人有男人的无奈和更年期，或者，即使年长了，心志未定不成熟，常常乱爱，搞不清楚是爱、是欲，不见得全是女人的错。再说，如果只因为外貌改变，就可以影响一个人的感情，那么也没有什么好留恋和伤心的，不如早早重整自己，另造自我天地。

女性在观察另一半时，应该将他若干年后可能的品行、行为模式和价值观都考虑进去。最直接的方式，莫过于观察他的家庭。

因为一个人从小到大的价值观，受其父母、家人的影响最大。成长在正常而幸福的家庭中，一般不会有偏差的思想。时下的社会制造出许多破碎的家庭，连带地迫使许多人不得不在辛苦的环境中长大。价值观定型以后再来修正，毕竟是辛苦的。

朝朝暮暮期盼着白马王子的公主们，还是睁大理智的眼睛吧！

你为什么会爱上这样的人渣

年轻的张小姐有这样一段剪不断、理还乱的感情纠葛：

他是一个很有魅力的中年男人，我和他相遇在充满诗意的深秋。其实他是我一个认识了9年的好朋友的老公，他有着成熟男人特有的沧桑和稳重，有着藏不住的智慧和多情的眼睛，有着四十多岁的男人特有的体型，结实、肚皮微凸，这些在我看来都是令人着迷的地方。

尽管正处中年的他，头发已隐约能见着少许白发，但是他在我的眼里是那样的完美、那样地吸引人，从一开始我就被他彻底地给迷住了。

我也曾经暗暗告诉自己，不能够做对不起自己朋友的事情，但是他的一举一动都给我留下了不可磨灭的印象，我无法不去想念他，他那充满磁性的嗓音至今都让我难以忘怀。

他能用世界上最动听的情话向我倾诉，他的电话能在早晨第一时间将我唤醒，在我拿起话筒时能听到他在轻呼我"心肝宝贝"，这几个字让我心醉不已。

我俩合吃一份面包夹鸡蛋，看着他狼吞虎咽，听着他咀嚼的声音我便心满意足。和他相拥的感觉更让人难以忘怀，他的胸膛是那样的温暖。他的手是那样的有力，紧紧地抱着我让我不能有丝毫的动弹。他的吻更是让我窒息、让我陶醉。

可他只能在处理完工作、安顿好孩子、向妻子找好晚回家的理由后，才能抽出有限的时间陪我。每次都是在我苦苦等待之后他才会姗姗来迟，可是只要一见到他我所有的不高兴、所有的埋怨都会化为乌有。

我什么都不愿再多想，只想好好抱着他不再多说一句话，只想好好地感受这片刻的温情。

我知道在深夜12点之前他必须回家，我多想地球不要再转动、太阳不要再西偏，多想让时间停止前行的脚步，可上苍不会因为我而打破他不变的规律，一切都是要向前的，更何况还有他的妻子、孩子，在等他回家呢。

不争气的时钟还是走向了午夜12点，他推开门径直走了，没有回头，没有任何的眷恋。

我以最快的速度将门关上，我怕他的气味在开门的那一瞬间就溜走了。在弥漫着他的气味的屋子里，我回味着他的每一个动作和眼神。他走了，回家了，回那个有着老婆和孩子的家了。而我只能独坐窗前到天亮，又开始新一天的期盼和等待。就像所有婚外恋一样，我只能永远地待在阴暗的角落里。我和他在大街上总要保持近一米的距离，更不要提像别的恋人一样手拉手了。

我和他联系时得非常谨慎，他也是一回家就赶紧关掉手机，我最痛恨的就是听到他手机呼叫转移的提示音；我只能把对他的爱深埋在心底，偷偷地想着他，为他祈祷。

尽管从一开始他就跟我说他不能离开他的妻子和他深爱着的儿子，他有他的家。因为他的生活过于平淡，他需要激情，而我仅仅只是满足他的这个自私的需求。

日子就在我对他的无限企盼中慢慢流失，在我与他深情依偎和新一轮的等待中逝去。

我终于接到了她的电话。

她只跟我说她的家庭很幸福，她和他也有着刻骨铭心的爱。她的话让我猛然醒悟，他是她的老公，不是我的。我的爱情在她的面前显得那样的苍白无力、那样的茫然。

我挂掉了电话，泪如雨下，我的心好痛，我无法自抑，感觉天昏地暗。我突然觉得好痛，低头一看手腕上已有了一条条深浅不一的伤痕，瓷碟碎了满地。

当鲜血流出来的那一刹那我突然感觉到一种无言的豪迈与悲壮。朦胧中我依稀看见了他，他正向我走来，把我轻轻地拥入他的怀抱。可疼痛还是把我拉回了没有他的现实，我彻底的失去了他。

其实从一开始我就没有真正地拥有过他，自始至终他都是别人的老公、别人孩子的爸爸，而我只是扮演了一个丑角，扮演了一个注定要受伤的角色。

秋天到了，不知他是否还记得他说过的话，他说等到秋天，一定带我去红叶遍地的香山看落叶，去领略大自然的美好风光；还说要带我去尽享垂钓之趣；还要让我早晨一睁开眼睛第一个看到的就是他；他还说……

也不知他还记不记得我跟他说过我愿意洗他的脏衣服、臭袜子；替他捶背、洗头发；亲手给他包饺子，让他尝尝我的手艺。我甚至还幻想过生一个我和他的孩子。而这一切的一切都成了往事泡影，我只能憧憬和怀念。

冷冷的秋风让只穿着秋衣的我瑟瑟发抖，我的心也不再有往日的温度。明知他是别人的老公，我却无可救药地爱上了他。这份爱让我苦不堪言、疲惫不堪、心力交瘁，我却义无反顾，勇往直前如飞蛾扑火般演绎了这样的一场婚外恋情。

张小姐遭遇的其实是一个猎艳的人渣，作为好朋友的老公，他对张小姐一切应该是非常了解的，他利用她的无知和轻信，玩弄她的感情，欺骗她的感情，再在玩腻后将其抛弃。

从故事中我们发现，张小姐"爱"的死去活来的他，既不对自己的家人负责，也不敢对她负责，他对她除了甜言蜜语和身体的贪恋外，并没有其他实质的东西。

张小姐会爱上这样的人渣，也与她自己的修养和品质有关，如果是一个勤学上进的姑娘，绝不会使自己迷失在一个有妇之夫的畸恋中，她的前面应该有更加美丽、更加宽阔的大道可走。

"第三者"是个很不光彩的称呼。而且第三者的处境永远是见不得光的，也永远是尴尬和痛苦的。她们往往一直在等待对方爱情的回应，而到最后等来的却往往是失望和怨恨。但有一些女人明知对方不能给自己未来，不能给自己幸福，却仍然如飞蛾扑火般投入这样的恋情中，这样做的结果自然是三个人都受到伤害。

她们的爱在自己看来也许轰轰烈烈，因为她们可以不求名分，而且甘心消耗自己的青春，她们甚至觉得自己是伟大的。但是她们却因为自己的爱情伤害到无辜的人，这种奋不顾身不仅毫无意义，也是为世人所唾弃的。

第三者在爱情中没有享受公平的权利。对方可以背叛自己相守的妻子，就随时有可能背叛第三者。而处于第三者位置上的女人，如果看着对方变心或者花心，连最基本的质问的权力都没有，因为自己也曾经是他变心的对象。

这样的爱情只能让自己烦恼和痛苦，等到爱情消失的时候，女人的青春也一并消失了。而且将心比心，当自己拥有婚姻的时候，如果有人破坏自己的爱情，自己会有怎样的心情？要知道，每个人的东西都不愿意让别人抢走，正所谓"己所不欲，勿施于人"。

每个人都有权利拥有属于自己的爱情，有些女人却因为爱情而身心疲惫，背负骂名。这一切，只源于她们介入了属于别人的爱情，爱了一个不该去爱的人，她们成了爱情中的第三者。

也许女人很爱一个男人，但是为了自己应有的权利，请管理好自己的感情，不要甘愿做第三者，这样不仅拯救了他的妻子，也拯救了自己。

人的一生会面临很多选择，有些事情可以做，有些事情不可以做。爱情也是一样，有些爱情是不被允许的，一个自尊自爱的人不会去做第三者。女人要管住自己的心，理智地控制感情，不要沦为感情的奴隶。自己的青春没有必要浪费在一段阴暗的爱情中，不做第三者，既是尊重别人，也是尊重自己。

不必徘徊于这样的恋情，只有属于自己的感情才会让自己一生幸福。当女人在遇到错误的恋情时，聪明的女人懂得放手，懂得从第三者的队伍中把自己拯救出来，懂得忘掉伤痛，去寻找属于自己的爱情。能把自己的爱情经营得成功的女人，就是一个成功的女人。

你的全身心付出，换不来回眸一笑

女人在初入社会的时候，有个性，有自尊，思维活跃，生活内容丰富。但是，女人一旦有了心爱的男人，开始恋爱，就会把爱当作生活的全部，她会放弃生活里所有与那个他无关的部分，整个身心投入到爱情之中。这时的她，从前的爱好没有了，从前的密友不来往了，从前的志向不提了，从前的灵性也消失殆尽。她把自己的一切都献给了那个曾经素不相识的人。

事实上，男人都是喜新厌旧的家伙，爱情才来时，新鲜刺激，充满激情，可当时间一久，当热情渐退的时候，他突然发现，从前的那个情人没有了。眼前的这个情人也一点都不可爱了。

男人的变化不会逃出情人的眼睛。她开始抱怨他一整天没有给自己打一个电话，她数落他又有几天没有陪她，她怀疑他不再像最初一样爱她，她在心里反复比较他的细微变化。

她不思进取，除了爱与不爱，已经不会说别的什么……

此时，爱已经不再温暖，已经成为一种负担。女人陷入了爱，同时也在慢慢地失去爱。只因为她在以不可置信地速度，在短时间内变成了另一个人，与之前全然不同的人。男人感觉她不再可爱，不再动人，不再温柔，不再值得他继续守候。

女人往往视爱情如生命，将男人当成了自己的全部和唯一，对方的喜怒哀乐甚至一个喷嚏都能牵动她的心。两个人吵架，先低头的往往也是自己。结婚之后，女人更是全身心地投入到家庭里，做起了全职太太，把身心都交给了那个自己所爱的男人。可是，这样做，往往就会纵容他，让他更加骄傲和蛮横，以为你铁定不会离开他。

一位饱受情感痛苦的女性讲述着她的经历。

年轻时，她温柔、贤惠、有知识、有理性，是一位视爱情如生命的女子。后来，为了丈夫的事业，她抛弃了自己的事业，追随丈夫去了北京。

在北京的15年里，她完全放弃了自己原有的专业和能获得的就业机会，一心一意地在家相夫教子，当一名贤妻良母。原以为这样付出了青春与感情，也成就了丈夫，自己肯定会夫贵妻荣地过一辈子。可谁知后来，她发现丈夫有了外遇，并且还有了跟那个女人的孩子。

得知消息的那一刻，她连死的心都有了，她不知自己究竟错在哪里？想要离开负心的丈夫，丈夫反而奚落她说："离婚？你连工作都没有，一点儿经济能力也没有，离了婚你怎么生活下去？"

是的，她也怀疑自己离婚后，谁会要一个拖儿带女的中年妇女打工。现在，她每时每刻都活在无奈和屈辱中，既不敢阻止丈夫走进别的女人的怀抱，也不敢离开丈夫，只能这样委屈地活着。

　　这样的女性，在现实生活中确实不少。说句实话，她们对家庭忘我地付出，可换来的却是巨大的背叛。她们一味地付出自己，将幸福的钥匙完全地交给了另一半。如果她既是一名贤妻良母，又是一名在事业上自强自立的职业女性，即使再经过更多年头的家庭生活，发现丈夫变心后，也不一定会痛苦得无法自拔。

　　虽说伤痛是难免的，但这一定是暂时的。她失去的仅是变了心的男人，她的事业前程、人生的价值还没有完全丧失，至少她的生活还不至于因自己没有经济能力而变得一败涂地。

　　所以，她完全可以很自信地融入生活的浪涛里，继续大显身手，也完全可以在生活中重新获得幸福。所有的一切，只要看她是不是拥有自信和自强的气质。

　　俗话说，要想在世上安身立命，就必须要有一技之长。把一技之长都丢掉了，又如何在世上安身立命呢？也许上面提到的那位女性，并没有忘记自己当初拥有的那一技之长，她之所以沦落到被丈夫抛弃的地步，最主要的是她对女性获得家庭幸福的思想认识出现了偏差。她忘记了，自强才是女性获得家庭幸福的密码。

　　作为一个自强的女人，如果一个男人开始怠慢你，请你离开他。因为，不懂得疼惜你的男人不要为之不舍，更不必继续付出你的感情。任何时候，都不要为一个负心的男人伤心。

　　女人更要懂得，伤心，最终伤的是自己的心。如果那个男人是无情的，你更是伤不到他的心，所以，收拾悲伤，好好生活，永远不要无休止地围着你喜欢的那个男人转，尽管你喜欢他到了要掏心掏肺的地步，也还是要学着给他空间。否则，你要小心越想拥有，越会失去。

当一个男人对你说"分手"的时候，请不要哭泣和流泪，而应该笑着说"等你说这话很久了"，然后转身走掉。女人，最主要的是要知道自己想要什么，不能为了男人而失去自我。

工作也许不如爱情来得让你心跳，但至少能保证你有饭吃，有房子住，而不确定的爱情给不了这些，所以，要有自己的事情做。

你可以去爱一个男人，但是不要把自己的全部都赔进去。没有男人值得你用生命去讨好。你若不爱自己，又怎么能让别人爱你？疯狂的事情经历一次就好，比如"为你，我用了半年的积蓄，漂洋过海地来看你"。

孤单的时候可以找好朋友聊天、逛街、吃饭，不要让孤寂淹没自己。从现在开始，聪明一点，不要问他想不想你，爱不爱你，如果他想你或者爱你，自然会对你说，但是从你的嘴里说出来，他会很骄傲和不在乎你。还有，不要24小时都想念同一个人，可以把时间分一点给家人和朋友。

作为聪明的女人，如果决定离开一个人，行动要快一点，快刀才能斩乱麻。如果决定爱上一个人，时间可以拉长一点，看清楚是否适合你。不要为了任何人或事而折磨自己，不吃饭、哭泣、自闭、抑郁，这些都是傻瓜才做的事。

当然，偶尔傻一下有必要，但要是长期如此，就没必要了。任何时候，都要告诉自己，一个不爱你的人离开，是幸运。因为女人是不需要他人来假装疼爱的，也不需要假装疼爱某人。

在爱情里，要时刻学着做个睿智自强的女子，学会从容面对爱情，也就学会了面对生活。积极地面对生活，生活一定会如你所愿，如同新的一天，太阳依旧会如时升起。女人一定要明白这样的道理，幸福不是靠命运，而是靠自己掌握的。

其实，今天的社会已经给予了女人与男人同等的做事权利，但受诸多因素影响，很多女性还在强调自己的弱者地位，没有很好地珍惜自己的权利。说得好听点，机遇好的女人，为了爱情牺牲后，还能找到一个不错的男人；机遇不好的，就要悔不该当初扔掉自己的自强。

另外，从某种角度来说，女人的自强也能保持与丈夫同步，不断给丈夫带来新的感觉，这是不断给家庭注入活力，保持家庭稳固的一个好办法。试想想，丈夫今天在外是总经理，明天是董事长，而你还是原地踏步，你们之间共同的话题会越来越少，你能保证你的丈夫不找机会与别人诉说吗？当给别人诉说时，你的危机就来了。

作为新一代的女性，就得培养坚强的耐力与自强的个性。不论是已婚还是未婚，女性都要自强，只有这样，才能在做好本职工作的同时，尽力照顾好家庭，使事业成功成为家庭幸福的基石，使家庭美满成为成就事业的坚强后盾，取得家庭事业的双丰收。

懂得放手，也是一种爱

爱，人类语言中最神圣的词汇，没有爱的滋润，这个世界就是一片死气沉沉。对女人来说，爱是一生的温暖，爱是永久的幸福，洋溢在她的脸上，铭刻在她的心底，因为心中有爱，再多的艰难困苦也甘之如饴。美丽出众的女人，身边没有爱人的陪伴，也会让人觉得凄凉；再聪明的女人，生命没有爱人点缀，也只会是一地清冷月光。

聪明的女人一定要是个懂得爱的高手，她在爱情里享受甜蜜，在婚姻里收获幸福，而不会爱的人，却常在爱情里煎熬，在家庭中挣扎。爱是生活里最重要的原料，只有精心调配爱，才能创造出美好的生活，时时刻刻置身于美妙的天堂之中。

爱是这世上最奇妙的东西，似乎与生俱来，但同样也需要后天不断地学习改善，因此学会爱与被爱，是所有女人一生的必修课。

平凡的红尘男女，挣不脱爱恨纠缠的情网，逃不过爱与被爱的旋涡，最聪明的做法是幸福地享受爱，平静地放弃爱，成全别人也成全自己。女人的情感非常细腻又非常敏感，容不下一点点虚假和欺骗，付出太多，也往往会期望得到同等对待，可是世间自从有了爱情这个东西，就注定了有人要为爱痴狂为爱受伤！

在不会爱的人那里，爱有时也会变成一把双刃剑，它锋利的刃口既可能伤了别人也伤害自己。刹那间的激情燃烧，如天边划过的美丽焰火，在天空留下道道伤痕，瞬间绚烂，而后灰飞烟灭。

懂得爱的女人，也懂得珍惜，不让自己和对方在爱中受伤。情感的伤害很难愈合，就算伤口结了痂，也会留下一个醒目的伤疤，时刻提醒着曾经的悲伤心痛。

要知道，一个值得爱的人并不是很容易找到的，茫茫人海中，谁是谁的真命天子？谁能找到一生最爱的人？如果遇到一个人，不管这个人是不是一生的真爱，聪明女人一定要很小心地去呵护这份爱，或许会有烦恼，或许会有忧愁，或许会有彷徨，或许会有失落，但千万不要有伤害。

如果你爱他，全心全意地对待他，不要隐藏自己的感情，爱一个人就是要让他感到幸福！如果你不爱他，那就不要轻易接受他，人生太辛苦，很多时刻一厢情愿是非常辛苦的，设身处地多替别人着想。

所爱的人并不一定爱你，而爱你的人又不一定会是你所爱的，追求一个所爱的人和拒绝一个自己不爱的人，都同样是一件让人心力交瘁的事情。

处在爱与被爱中的女人是幸福的女人！

恋爱中的人常习惯将爱比喻为漫天霞光，满院鲜花，盼望着能一生携手共历人生，顺境中分享快乐，逆境时分担坎坷。从没有想过有一天，时过境迁，曾经的爱水过无痕，可还是因为一念执着，紧抓住爱的尾巴不肯放手。

也许，相遇的时间不对，而太执着都会造就孽缘，恋爱时，每个人都是天使，缘尽时，却还拼命拉着他的衣角，苦苦哀求，甚至用他的冷漠、逃避来惩罚自己，其实太可不必。如果每段恋曲都有美好的结局，那么爱就没有这样美妙甜蜜弥足珍贵了。

放手也许是一种无奈的绝望，痛彻心扉，但如果这爱已经不属于你了，放弃何尝不是一种聪明的做法。终有一天，当曾经珍爱如生命的人即将相逢陌路时，才恍然大悟：原来，曾经以为的天长地久，其实不过是萍水相逢，早一天放手，早一天成全爱。

爱过了，走过了，一路欢笑，一路泪水，不要反复追问，不必苦苦强求，漫漫人生旅途，有人能陪你走一程，实在是难能可贵，何必还要以爱之名来束缚身心？放开双手，前方也许会有更美的风景。

聪明的女人就是这样，勇敢地正视现实，她自己先将爱放下，承认失败，接受无奈，轻轻地叹一口气，祝福他未来幸福快乐，敢爱敢恨敢失去，洒脱地等待下一份爱。

爱是一种能力，一种技巧，人类天生有爱，但并不是每个人都懂得爱。只有身处爱之中，才能了解爱，学习爱，懂得爱人也懂得享受被爱。爱是一生的甜蜜负担。有爱就意味着有责任，人与人之间被爱的红丝线紧紧缠绕，享受爱的同时也必须要付出爱，关心你爱的人与爱你的人，把他们当作生命里的一部分，一生都摆脱不了的负担，却因为这负担而心生甜蜜。

爱是细节的改善，平凡的生活最容易消磨掉人生的激情，乏味的日子早已令人心生厌倦，爱就是要花心思去战胜平庸，制造浪漫，把平庸的生活点缀得温馨幸福。

爱是不断地修炼，女人如果放弃提升自我，放弃学习提高，就会渐渐退化到令人面目可憎的地步。只有坚持自我、不断追求的女人，才能在生活中永远充满活力，拥有不断进步的幸福生活。

吃醋没有错，但不可过量

男女相恋时有第三者介入，往往发生争风吃醋现象。到底什么是"吃醋"呢？

原来，唐太宗李世民当年赐给房玄龄几名美女做妾，房不敢受，李世民料到是因为房的夫人是个悍妇，不肯答应。

于是唐太宗派太监持一壶"毒酒"传旨房夫人，如不接受这几名美妾，即赐饮毒酒。夫人面无惧色，接过"毒酒"一饮而尽。结果并未丧命，原来壶中装的是醋，皇帝以此来考验她，开了一个玩笑。于是"吃醋"的故事传为千古趣谈。

现代生活中，有些人见别人受到表扬或奖励，心存嫉妒，眼红别人，也被戏称为"吃醋"。

古龙老前辈曾经说过一句传世名言：世界上不吃饭的女人还有几个，而不吃醋的女人一个都没有。

吃醋在爱情的字典里是最通俗易懂的一个词。在恋爱初级阶段，它的味道根本就是像蜜糖甜的。吃醋，貌似是爱情里的小性子，其实又是验证我们心智的试金石。

不吃醋的爱情是不存在的，"醋"用在爱情上，不光是调味品，甚至是营养品，而且一般醋的浓度和爱的强度成正比，然而，浓度越强不一定就能达到越好的效果，这两者是不成正比的。

在恋爱里添点油吃点醋是非常必要的，不然很可能就在索然无味里断送了二人的未来。不管你是经常偷偷摸摸地吃，还是偶尔光明正大地吃，一旦出现有威胁有证据的嫌疑女，醋不仅要吃，还要狠吃，把他出轨的意图淹没溶解在你的醋缸里。

大凡女人都会吃醋的，因为这是女人的天性所致，女人天生具有很强的依赖心理，这就注定了女人对男人的看守是无微不至的那种关注。

爱一个人就会很倾心地缠着他，有时恨不得将他拴在自己的身上，可是就是拴了也不放心。但是，一味地吃醋，而没有蜜糖的调解和掩饰，不一定会起到应有的作用。

女人心眼小，所以女人向爱人表达爱的方式也就显得心胸狭窄，不含蓄，稍有风吹草动就会醋劲上蹿。往往让女人吃醋的原因是让自己吃醋的那个"对方"长得漂亮、气质好等，或许是因为看在心里既是羡慕又是嫉妒，当自己产生相比较的想法后，心里就有了难耐的酸楚滋味了。

爱情中的女人大多泡在醋坛子里，因为她要牵着他的心，因为她要得到他的爱，醋劲愈大，爱劲愈深。从不吃醋的女人绝不会是个生动的女人。然而，经常醋兴大发，无理取闹的女人也不占少数。如何把蜜糖和醋调到合适的浓度，让蜜糖的甜味彻底地根除醋味是一门学问。广大女性朋友需要研究学习这一门学问，使自己的生活锦上添花。

真正聪明的女人，她在打翻醋坛子的时候，乘机也添加了一些蜜糖等调味品，比如理解，比如信任。她让醋坛子倒地时发出的那种刺耳的声音，顿然变得那么柔和，让醋味在大肆散发之前就被蜜糖浓浓的甜味所掩盖。以至于使对方内心有了一种歉疚感，以后对自己便更加关爱。

聪明的女人懂得化腐朽为神奇，天性流露也要讲究"度"，在乎他，无须风云大闹，弄得他下不了台。尖酸的女人，在男人眼里就不可爱了。

不要为男人过去的感情吃醋，也不要强迫男人告诉你，你比他以前任何一个女友都好，事实就是事实，如果他违心地说你好，他反而会记住另一个事实。

首先，他知道你在乎，但过去的事他无法改变，所以他叫你"别想"，这样他就不至于费尽口舌去解释，最后落得徒劳无功了。其次，他想与以前的女朋友光明正大地保持来往，所以他问你"为什么老是提这些"，其实，他想告诉你"这样想是很无谓的，我们根本没什么"，当你否定自己的想法时，他就能避免和你发生不必要的冲突。

说到底，他不想这件事挑起你们之间的战争。然而，女人总是多疑的，因为她对自己没信心，没有安全感。你觉得，老公只是因为得不到最爱的女人，所以才娶了你。所以，你会时时担心她会取代你。

最爱，也许会成为一个人某个阶段的想法。然而，它并非不可改变。最爱总是诞生于伤害之中。伤得越深，伤口越多，就越难忘记一个人。越得不到的，越容易被愚蠢地美化。

这个道理，看似人人都懂，其实一知半解的多。通常，中国女人会用它来抱怨男人不珍惜自己。对于他忘不了的前任，女人一律戒备，时常试探："你忘不了她，是吗？"

"她是你的最爱，没错吧？"

"你爱我吗？"

这等于是在问："我值得你爱吗？"

"你肯高抬贵手要我吗？"

"如果你遇到别人，你会把我扔掉吗？"

……

这样的女人，不但让男人得到，还让男人吃定了，就像雄师脚下的肉，何必再多看一眼呢？然而，如果他觉得猎物会随时被夺走，那就另当别论了。

天下的男人们也不是傻瓜。你吃醋，他埋单，吃了多少，他当然是心里有数，所以不可过量食用。健康杂志上还说："空腹时不要吃醋，以免胃酸过多而伤胃。"

吃醋是世界上最绝对的一种感情。花花世界，女人吃醋，男人也酸，大家一同大吃其醋，醋海兴波，酸不溜丢，不亦乐乎。

赫尔岑也认为，世界上很难找到根本不吃醋的人，只不过吃醋的程度不一样罢了。或者说，调味品的浓度不同罢了，至于蜜糖和醋的浓度调配问题就是聪明女人和笨女人的区别所在了。但是，要想根除醋意，除非消灭男女之间的爱情。

所以，聪明的女人吃醋的时候千万不要空穴来风，还是要有几分人证或物证垫底再好好地吃。一个能把吃醋演绎得风情万种的人，一个能把吃醋拿捏得恰到好处的人，不但让人觉得佩服，还增加了很多可爱。但是千万不可当泼妇或为了喜欢一个人而吃醋到害人的地步。女人，不管你以哪种方式吃醋，吃什么醋，吃多少醋，都要切记吃的是醋，酿出来的是爱。

嫁给有钱的男人，就一生无忧了吗

有一则消息，有人对 60 名北京的未婚女性做过调查，其中 63% 的人希望婚后靠老公生活。靠男人没什么不好，她们对那种夫唱妇随衣食无忧的轻松生活的向往，当然无可厚非。但关键是她们是不是清楚如何去靠？能否靠得住？又能靠多久？

如今，能让有这种想法的女人想靠的男人，倒不在于他有没有宽厚的肩膀，关键是必须要有钱。随着人们生活品位的提高，"有钱"明显已经不再是唯一的择婿标准了。

对男人虽然不能不现实地苛求"才高八斗，学富五车，貌似潘安，富压石崇"，至少需要"德财"兼备吧！否则，面对有财而无德的人，只要稍微对自己负责一点的女人，都不敢拿一生做赌注，毫无顾忌地去"靠"。

年龄相符与否姑且不说，真正"德财"兼备的男人也是凤毛麟角。

即便寻到一个，一定是门庭若市，美女如云。要挤到他面前，必定会累得香汗淋漓，娇喘吁吁，至于想进一步博取他的钟情，恐怕更要费尽一番心机，经历几多曲折了。

当然，会有不少女人凭着正茂的风华、倾城的容颜这些天生的"姿本"，轻而易举地找到一个可以"依靠"的男人。但是仅仅凭青春美丽找到的男人能靠多久？

岁月总是无情的，任何人都不会容颜不改、青春永驻，到了自己成了明日黄花在风雨中凋落时，那些"姿本"便不复存在了。而自己的男人却无时不以一种富甲一方成熟稳重的面目出现在各种场所，这样的男人可以说得上是魅力无边，对年轻漂亮的女孩子极具诱惑力。

出于人性本能的自私和对随时都可能发生的不平等竞争的恐惧，那么她一定会绞尽脑汁地对他严加约束。长此以往，反而会引起他的反感和厌倦。

一般的女人对付这种厌倦态度的方式，也将是盲目的猜测和更狭隘的约束条件。如此恶性循环下去，其后果可想而知。

即便是找到了一个完全可以托付一生的"德财"兼备的好男人，他能够抵御外来诱惑，也能够经受住各种考验，并且愿意为她付出一切、承担一切，与之共度一生。

然而，我们生活在这个世界上，每天都要发生那么多的意外和不幸，而不幸好像更偏爱那些优秀的人，所谓"好人不长寿"。那些意外也不会只是落到与自己无关的人的头上，如果万一轮到了自己——一瞬间那个能够依靠的温暖的胸膛、能为自己撑起一片晴空的人永远在这个世界上消失了，又该怎么办？

有人说："男人靠征服世界征服女人，女人靠征服男人征服世界。"

这句话不是绝对的。女人靠自己天生的有利因素选择"靠征服男人征服世界"的方式，不少时候会收到"四两拨千斤"的效果，不能不承认这是一条捷径。

但男人也不是那么容易征服的，其前提是男人愿意被征服。如果哪天他不喜欢再玩这种"征服和被征服"的游戏了，那么牺牲最多吃亏最大的一定还是女人。从古至今，不知有多少女人成为这种游戏的祭奠品，这是已经被无数次证明了的事实。

经常在电视上看到对女性名模、影星的采访，她们很多人都表示怕靠不住自己的青春、名气、财力，怕花光自己先天的"姿本"和后天用血汗积累的资本。

她们从被聚焦在闪烁地镁光灯下的那种快感中走出来，去上学、去进修、去充电、去镀真金。她们不一定是最漂亮的，但至少是比较出众的，加上"名人"的光环，一定会有不少"德、财、貌"兼备的出色男人为之倾倒。

她们尚且不敢走"找个男人依靠"的路子，更何况芸芸众生中的普通一族呢？说来说去，女人到底要靠什么？靠天靠地靠老公，到底不如靠自己。如果说前半生还可以靠"美丽"，那么下半生必须要靠"实力"，而"实力"是需要从前半生就开始用学习、努力、甚至要靠打拼积累出来的。

只有有"实力"的女人，才会把自己的幸福牢牢地掌握在手中；只有有"实力"的女人，才会拥有自己喜欢的、高素质的生活；也只有有"实力"的女人，才能活得让人敬重！

谁说干得好不如嫁得好

家和事业可以缔造一个完美好强的女人。现代社会中，有知识、有智慧的女人们，平衡于事业与家庭之间，用全副精神来打理事业，用满腔热忱去经营事业。事业让女人一直处于潮流先锋，心态永远年轻。

女人首先是要做人。做人要有凛然的尊严、崇高的人格、独立的思想、健康的情感、良好的体格、正常的爱好。任何场合、任何时候，你都是你自己，不是工具、不是手段、不是附庸、不是月亮。除分工和生理的差异，女人应该实践自己与男人平等的角色定位。

女人也应有自己的事业和人生，你的人生不能在男人的怀抱里度过，更不能为了一个男人而活，你还可以有自己的下一站，你还可以选择。人们常说："自信的女人最漂亮。"那么女人怎么才能使自己更加自信呢？那就是拥有一份事业，而且能把每周的五个工作日做得圆圆满满，同时还要有点不断进取的事业心。有工作、有事业心的女人才会更加自信，充满活力，才会有充实感。

称心的工作能使女人平衡事业与家庭的关系，这不仅是指女人的工作往往要兼顾事业和家庭，而且称心的工作本身就能够协调女人的情绪，保持女人的身心健康，从而对家庭的和谐有利。这样的女人有价值感，而且能跟得上时代的潮流。有事业的女人有一种不一样的吸引力，事业可以让女人妩媚生动、光彩照人，让女人更自强，更有勇气去面对生活中所遭受的艰难困苦，在挫折面前不低头。事业让女人相信自己可以克服所有的困难，并不断地完善自己。

因为事业，女人变得自信；因为事业，女人才可以为自己量身定做属于自己的那份独特；因为事业，女人不会追着满街的流行元素而盲目随波逐流；因为事业，女人才不会为脸上小小的斑点而耿耿于怀，才可以素面朝天地向世人展示自然的美丽时做到神情自若……

有事业的女人是最美丽的。不是因为鼓起来的腰包或者名片上的头衔美丽，而是那种专注和执着的美丽。

在时下，有句话很流行，叫作"干得好不如嫁得好"。意思是说，嫁个好男人，远比自己干事业要省心、省力得多。在妇女解放还没有完全实现的情况下，我们也必须承认女人想"干得好"有诸多不容易。

正因为如此，人们才有此感叹，这也是情有可原的，毕竟人人都渴望舒适的生活。尽管如此，我们还应该弄明白：怎样的幸福生活才靠得住？如果哪个女人想在精神和经济上都依附男人而获得幸福的话，一定会输得很惨，活得毫无尊严，更不会有幸福可言。正如邓颖超所说："女人要自尊、自信、自立、自强。"

"嫁得好"要靠一种运气，就像是买彩票中大奖一样可遇不可求。那么多的女人把"嫁得好"喊得震天响，真正富得流油的好婆家还是屈指可数，不一定都摊到每个想"嫁得好"的女人身上。

就算你成了"嫁得好"的幸运者，你能保证你嫁的男人就一定不是一个财大气粗的"薄情郎"吗？现在看来，"富贵不能淫"远远要比"贫贱不能移"的人少得多。就算你极其幸运地嫁给了一个有财有德的"钻石男人"，即使你眼前的幸福生活不会如昙花一现，那种仰人鼻息的生活也没有多大意思。

　　21世纪的女人不应该像以前那样，只是做个普通的家庭主妇，结婚后就完全依附于男人，就像进入"围城"一样，两耳不闻窗外事，朋友不来往了，工作也不要了，一天就围着老公、孩子转。

　　那种日子是温馨的，但也是无聊的。有时老公在外工作不顺，回来第一个出气的就是老婆，觉得自己多么伟大，老婆儿子全部自己一个人扛了，认为拿老婆出出气也是应该的。

　　而老婆觉得既要照顾小孩还要服侍老公，家务事也挺多的，也会觉得很委屈，朋友也没有，把所有的精神都寄托在老公身上，要是老公突然变心，你会感觉天要塌下来，于是就经常吵架。这样的日子还有什么意义可言？

　　由此看来，女人"嫁得好"是靠不住的，还是靠自己"干得好"才比较踏实，"干得好又嫁得好"当然更好。有了自己的学识和水平，有了自己的技能和事业，女人就有了自立自强的资本，也就有了获得美好爱情婚姻的基础。

　　那些抱有"嫁得好"幻想的女人们，还是丢掉迅速过上舒适生活的幻想，脚踏实地，和男人一起角逐，在事业上精心描绘那一片属于自己的天空。海市蜃楼般的"嫁得好"的梦想很美，但是还是含辛茹苦的"干得好"更保险些。所以，女人还是不要做依附于男人的藤类植物，还是有自己的事业好。有自己事业的女人，生活会更精彩，有自己事业的女人，会变得更加自信、充满活力。

第四章

自强美女的处世哲学

　　自强的女人秉持自立自强的人生态度，自我进步、自我完善，依靠自己的能力游刃有余地生活在这个弱肉强食世界。一个女人只有对生活充满热情和信心，对未来有无限的憧憬，才能始终如一地坚持这种生命不息、奋斗不止的精神，才能活出自己的精彩。

为什么在年轻时不好好努力

亦舒有句话，大概意思是这样的：女人在一生中，总会有那么几年，你想要什么，男人就会给你什么。甚至你不曾想到的，他也体贴地帮你早早都安排好了。可是，过了这几年，谁理你？

女人们一天天年华老去，但满大街都是年轻女孩，她们有着逼人的青春，已经没有年轻和美貌的你，拿什么和她们争？陈明真有首歌叫《变心的翅膀》，这年头，变心的翅膀满天飞，你能指望三十年后，当你人老珠黄的时候，还有男人满心欢喜地为你买单吗？

因此，作为女人，一定要有谋生的手段。不要以为嫁了男人就一定有饭吃、有衣穿。男人不是你的长期饭票，没有哪条法律规定谁一定要爱你一万年。爱不爱你，肯不肯给你提供经济上的帮助是他的自由。

所以，聪明的女人不要被男人一时的慷慨迷乱，而要有谋生的盘算。做好工作，自力更生总是好的，毕竟，靠人吃饭总是气短。不是有这样一句"吃别人的饭，开饭总是要晚一些的"话吗？

当生活变得多姿多彩，当女人们懂得了享受生活，当社会开始重视女人时，女人不要忘记：要自立自强。要从人格与心理上做到自尊、自爱，只有尊重了自己，才会得到他人的尊重。

不要只做花瓶，因为这个世界不缺少美丽的花瓶。况且花瓶易碎，不堪一击，只能成为过眼云烟，随风而逝。而得到的那些物质，又真的能让你感到幸福快乐吗？那都是别人赐予的。

　　另外，根据调查，大多数的家庭暴力都是因为男女经济差距悬殊引起的。毕竟，当男人觉得你的一切都是依靠他的时候，还会对你小心珍视吗？所以，女人要自立，千万不要有"靠"的念头。因为"靠山山倒，靠人人跑，靠自己最好"。一个女人只有在经济上独立了，才能有地位，才能在生活中获得心理的安宁。

　　在追忆上海的风花雪月的时候，你一定会想起张爱玲，同时，你不能不了解另一位女人——苏青。张爱玲在《我看苏青》中说："如果必须把女作者特别分作一栏来评论的话，那么，把我同冰心、白薇她们来比较，我实在不能引以为荣，只有和苏青相提并论我是甘心情愿的。"

　　苏青在18岁出嫁后，丈夫对她宠爱有加。然而，那淡淡的浮华毕竟是不能持久的，而且很快便黯淡下来，显露出斑驳的本色。终于在步入围城十年的时候，她离婚了。于是有了她那本著名的《结婚十年》。从她对自己并不美满的婚姻生活的真实描述中，不难看出她泼辣的率真和对爱情、对自由的不懈追求。

　　她描述了初婚的感受，写了生育的痛苦和欢乐，写了婚外恋，写了与各种男人打交道，最后写到在一个千辛万苦的社会中妇女的憧憬的破灭，独立入世之不易以及在社会上始终寄人篱下的全部感受。

　　她在《结婚十年》中描述的生活和婚姻，也许就是你我正在经历的生活，从里面，或许每个人都能找到属于自己的影子。

　　苏青，这个特立独行的女子，风格尖锐，深刻大胆，渗透着风韵和魅力，直抵灵魂的震撼和共鸣，让人不由得羡慕那样的状态或者心态，那样高昂的生活方式。

　　1944 年，苏青作为一期节目的主持，和张爱玲有过一次对话，关于女性、关于职业女性、关于性、关于同居、关于家庭、关于婚姻，态度之坦然，言辞之直爽，见解之犀利，在六十多年后的今天看，仍会给你莫大的震撼和帮助。

　　其实，一提到苏青，前面的形容词总是"自立"。一个弱女子，在不到 30 岁的时候离婚，凭着一支笔开辟了一片属于自己的天空。几十年之后，生活在今天的你我，是不是更要独立呢？

　　年轻的女人犹如一朵娇花，艳丽芬芳，吸引了无数游客的眷顾，也经历了诸多赞赏。于是，她们做着色彩斑斓的梦。在想象中的伊甸园，自己就是那里的白雪公主。终于有一天，遇到了一位王子，王子大献殷勤，于是公主和她一起走了。

　　然而，一路上风吹日晒，岁月无情地骗走了她娇嫩的容颜。忽然有一天，她回过头来，惊讶地发现，自己没能成为公主，却成了冷宫里的皇后。所以说，女人如果不能自立自强，就是这种命运。

　　付出了青春、感情，到头来得到的是被抛弃的下场，无论是谁，都会很受伤。可是，女人回过头来反省一下自己，你是不是一直在依赖男人，离了他就没有办法生活？

　　女人要明白，不要以为现在有人肯为你付账就一生无忧了，没有谁能比自己更可靠。只有自尊自爱、自立自强、自我完善，才能让自己的天空不下雨。就算是下雨了，也还有一把小伞握在自己的手里。

　　女人，千万不要成为男人的附属品。很多时候，年轻漂亮的女子一直不知道自己努力，让自己过得更好，一直以为找个好男人嫁了，就可以保障终生幸福。这样的女人不努力工作，做什么都觉得很累，工资高的工作自身能力不够，无法胜任，工资低的又觉得很不划算。

以前，女人总是依附男人而生存，嫁得好与不好，幸福与不幸福都要自己承受。现在，女人有了选择幸福的权利。女人可以有一个稳定的工作，可以投入身心地去工作，可以得到相对稳定的收入，拥有自己相对宽松的生活方式。

虽说女人是需要人疼、需要人爱的，可是你首先得自爱，自己不能不去努力。女人今天的社会地位来之不易，是社会进步所改变的，所以一定要珍惜自己的这份自立的权利。

总之，女人一定要自强，一定要在经济上和感情上独立，这样才能更有效地保护自己。

没主见的女人，基本都过不好

有的女人最大的问题是：对什么事都没有主见。无论是对人对事，她都是人云亦云，别人说好，她也说好，别人说不行，她也认为不怎么样。这类女子由于缺少主见，蹉跎了大好时光，错过身边的好男子。于是，她们就把"潜力股"作为找男人的标准。有一定形状但尚未完全成形，可能成也可能不成，但在她眼里他成的希望很大，这就是潜力股。判断一个男人是不是"潜力股"，没有什么具体的标准，就看一个女人的鉴赏能力了。

由于极品男人大都不属于自己，于是找只"潜力股"就成了女人的首选，在"潜力股"里面，怀才不遇的男人时常能让女人隐约看见希望的曙光，所以女人们很自然地把感情投资到这上面。

那么，怀才不遇的男人是什么样的呢？比如，有一种男人，无钱无权无事业，唯一有的是雄心壮志。他们二十岁如此，三十岁如此，四十岁仍如此。虽然这样，但他丝毫不觉得有什么不好，反倒是一副"我笑他人看不穿"的清高姿态，坚持认为自己身怀绝技，只是没有遇到伯乐，一旦哪一天碰上了，不整他个天翻地覆枉对英雄二字。

于是乎每天做蓄势待发状，只等有人点把火，自己化身成"嫦娥"二号一飞冲天了。这就是传说中的怀才不遇男。

怀才不遇男在事业上虽然比较失败，或者说尚未成功，但在爱情上却是颇得女人赏识的。因为他总是觉得自己很有才华，而且做事有一定的套路，慢慢地，很多女人也就觉得他确实很有前途了，觉得他们属于"潜力股"的一种。

怀才不遇男是一个可口的诱饵，时时吊着女人的心。你说他不行吧，他每天壮志雄心跃跃欲试，让你觉得他随时有可能一夜蜕变，驾着七彩祥云来迎娶你；你说他行吧，他整天无所事事而且一晃就是多少年，每天的饭钱还得从你手里抠。

这就是他们最诡异的地方了：一方面，看似境况凄凉穷途末路；另一方面，却又让你感觉一层窗户纸下面即是万丈光芒。于是女人们乱了方寸，离开还是等待？这是个问题。

反复权衡之后，大多数女人还是选择了继续等待。因为怀才不遇男虽然没成形，但总比一点儿希望没有的好啊，甩手另找的话，一是这几年大好青春白白浪费了，二是找起来比较费劲，三是即使找到也未必就比眼前这个强，于是眼一闭心一横：死活就他了！

这就是女人不明智的地方了。怀才不遇的男人，二十岁不遇，三十岁仍然不遇，四十岁的时候顶多遇个外遇。因为怀才不遇的称号不是别人给的，只不过是他们给予自己的一种定位，先自我欺骗，再欺骗你。

究竟是不是真的怀了才，还真不好说。当然也有例外，比如姜子牙，人家八十岁了还只能钓鱼，八十岁之后照样有出头之日。不过一个女人一辈子苦候一个男人至80岁才见了天日，也真够命苦的，难怪姜子牙的老婆性格如此暴躁，换了别人估计也一样。

确切地来讲，一个怀才不遇的男人还不如一个老实本分看起来没什么理想的男人。因为一个平常的男人，好女人通过自己的努力是可以改造的，他就是一张白纸，你可以尽情挥洒；而怀才不遇男就完全不吃你这一套了。

你改造我，你凭什么？我内部已经完全成型了，就等遇见伯乐驰骋千里，你给我改造了那还行？他们坚持自我，坚持认为无法适应社会不是错，社会应该适应他们，所以他们宁愿继续怀着，厚着脸皮让女人接济生活，也不愿意对现状作出一丁点儿改动。这样的男人日子久了，就成了死猪不怕开水烫了。

怀才不遇的男人可能到死也不肯相信自己在未来的生活中什么都遇不到，但作为一个女人，你一定要相信这一点。如果这个男人怀了一辈子，只遇到了你和他的外遇，那你就是世界上最不幸的女人。

当你拥有智慧时，一切都会改变

智慧固然很大程度取决于一个人的智商，却绝不是天生的，拥有学识、阅历并善于吸取经验教训会使一个人迅速成长起来。智慧就这样一点点从内心雕琢一个人，塑造一个人。智慧使女人真正地把握自己,并获得从容自信,周身散发出超然的气质,使你从人群中脱颖而出。

台湾作家曹又方说:"女人可以不美丽,但不能缺乏智慧……唯有智慧可以重赋美丽,唯有智慧可以使美丽长驻,唯有智慧可以使美丽有质的内涵。"

一个只是外表漂亮的女人经不起时间的打磨,她的外在光泽会日渐褪去,然而智慧的女人即使不怎么漂亮,也会犹如钻石一样闪烁着光芒,越久越添光彩。女人的漂亮是天生的,女人的美丽却是经过后天雕琢和磨砺的结果,而学识、智慧以及才情是滋养女人美丽的重要养料。

智慧的女人不光装扮自身的美丽,而且总能将那些无情的眼神、像利刃般的话语适时地转化为多情温柔的眼神、甜蜜体贴的语汇、绚丽缤纷的午夜、诗情浪漫的雨季……

女人由于智慧,会心胸宽广、神闲气定;女人由于智慧,会变得自信从容、挥洒自如;女人由于智慧,会变得气质高雅、仪态大方,智慧的光芒可使女人超越时空,呈现一种永恒的超凡美丽。

智慧的女人在对待爱情的背叛时,会从容面对和处理:那个人不爱我、欺骗我、背叛我,这一切已经不重要了,最重要的是,我是否依然是我自己,我的尊严、我的自信、再去爱别人的能力,并不会因为他不爱我而有丝毫减少,反而会增加,感谢他让我更加了解自己。

智慧的女人清楚自己所爱的男人的缺点,但是更清楚和时刻强化她的爱人的优点。

她知道在什么时候通过什么方式让她的爱人在很自然的情况下知道自己的缺点并乐意改正;她绝对不会在人前数落爱人的不是而令他难堪;她知道用欣赏和崇拜的眼光看待爱人的优点,在适当的时间和地点展示给他人看，也会在与爱人独处时不经意间对爱人流露出浓浓的爱意和欣赏之情。

智慧的女人绝对不会主动干预爱人的工作，而是让他有独立自主发挥的自由和空间。现在的社会赋予男人太多的权利，也赋予了他们太多的责任和要求。

在这种氛围下，他们承受很大的压力，他们都想取得成功。他们往往喜欢按照他们自己的思路去工作，在他们遇到挫折或失败的时候，他们会失望、沮丧、懊恼、暴怒等等，智慧的女人只需适时地出现在他身旁，陪着他静静地坐着，静静地听他诉说他的痛苦，甚至任由他靠在你的肩膀痛哭一场。

如果他需要，你也可以提一些供他参考的建议。在得到彻底的宣泄和调整以后，他们多会重新振作起来投入新的奋斗中去。在他取得成功的时候，你可以站在适当的距离欣赏他的得意和风光，适时走到他身边给他送去你深深的祝福和恭喜，让他感受到你与他的荣辱与共！

智慧的女人不会纠缠于自己男人的各种细节；不会到处打听他在外工作的一切；不会无故翻看他的笔记和手机信息；更不会雇私人侦探去监视他的一举一动。因为这样就丧失了相互之间信任的基础。智慧的女人只需要像放风筝一样，抓紧线，任由风筝自由地飘飞，因为最终他都会回到你的身边。

智慧的女人没有必要为心爱的男人而放弃自己的一切，包括她的兴趣和工作。智慧的女人也应该有她所喜欢的、能寄托她的感情的工作并且将它做好，让自己也有一份成就感；智慧的女人也应该有自己的朋友圈和爱好并从中得到乐趣，因为她不是谁的附庸品，也要在她心爱的男人面前活出自己的自尊。

有的女人天生把自己定位成男人的附属品，没有自己的翅膀；有的女人喜欢人云亦云，不情愿去探索，做事灰心丧气。这类女人在失去爱情时，要么装作不在乎，要么与它一起毁灭，不光是苦了自己，还总忘不了拉着别人一起往苦海里跳。

缺乏智慧的女人，就像一种通体透明的藻类，既没有反击外界侵袭的能力，又没有适应自身变异的对策，她们是毫不设防的城市；缺乏智慧的女人仿佛折断了翅膀的鸟儿一样无以飞翔。

女人缺少了智慧是很令人遗憾的，如果一个美丽的女人缺少了内涵，那么她就没有让人透过表面去深挖的价值。因此说，智慧是美丽不可缺少的养分，女人要秀外慧中说的就是这个意思。公平地说：男女智力是平等的，学习机会也是平等的，所以他们具备的智慧差不多。之所以有女不如男的假象，是因为智慧应用的领域不同。

男人的智慧更多地体现在运筹帷幄、济世安邦上，女子的智慧更多地体现在宰鱼剥蒜、杀价购物上。试问：一堆绿豆，如何区分其公母？女人往往可以出示"水漂，筛选"等多种解决方法供选择，男人则唯有目瞪口呆。

充满智慧的女人犹如一杯醇厚的佳酿，外表深不可测，喝一口下去，滋味却在喉头燃烧，叫人禁不住再三玩味。所以，做女人，就要做有智慧的女人，做生活的强者，主宰好自己的人生。

令你为难的事，一定要拒绝

聪明女人要懂得拒绝，人的要求，永无止境，合理的悖理的并存；

大千世界，要求各种各样，现在就能办到的，将来才能办到的，永远办不到的，都有人不断提出。"有求必应"四个字，只能挂在庙里显神威骗人，却无法拿来显神通广结良缘。该拒绝的，就得拒绝。如果当场不好意思说个"不"字，轻易承诺了自己不愿、不应、不必履行的职责，事办不成，以后更不好意思见人。

拒绝是令人深感遗憾的，却又是难以回避的。有的至亲好友，轻易不开口求人，偶尔万不得已，求你一次，不幸竟然遭到拒绝，轻则失望、伤心，重则大发雷霆。

有的患难之友，曾经在你困难时鼎力相助，如今有求于你，你心有余而力不足，但他不相信，指责你是忘恩负义。有的恳求，极为合理，早就该办了，但由于受到诸多客观条件的限制，一拖再拖，目前还解决不了。有的哀求，关系到当事人或其亲属的切身利益或沉浮荣辱，只要有一线希望，他就不会接受拒绝，而要一再陈述理由，不达目的决不罢休。

这些要求、请求、恳求、哀求……怎好拒绝？如何拒绝？首先，是否拒绝，应对事不对人，即以所求是否合理、是否办得到为准，而不应以对方地位的尊卑、双方利害关系的大小为准。

在这个前提下，先向对方诚恳地表示充分的尊重、理解、同情，再讲求拒绝的方法技巧，就可以把拒绝带来的遗憾缩小到最低限度，既不伤害对方的自尊心与感情，又取得对方的谅解、支持，从而增进情谊。越是知名度、美誉度高的人，慕名来访有求于你的人就越多。你纵有三头六臂，也不可能"有求必应"，就更应掌握拒绝的技巧。这样才能广结良缘，而不致触犯众怒。

聪明女人办事情有方法，而且是很灵活。不能接受的要求，不必回答的问题，不迁就，不犹豫，一定拒绝。口气可以委婉，态度决不含糊。

切忌模棱两可，使对方产生误解，仍抱有不切实际的幻想，既耽误他的事，又给你继续增添不必要的麻烦。但是，拒绝的方式要灵活多样。当你遇到敏感的问题或难以承诺的要求，首先就要不焦不躁，沉着冷静，机智应对。对于无理的要求或挑衅性的提问，既可采取以主动出击为主的攻势，也可采取以防卫为主的守势。

攻势有反守为攻与以攻为守。所谓反守为攻即不但不回答对方的提问、要求，反而回敬他一个难以答复的问题、要求；所谓以守为攻，即诱导对方自动收回他的要求，或自动否定其要求你作出回答的必要性。

守势有转移话题、答非所问法，装聋作哑、沉默以对法，推诿搪塞、无效回答法，还有佯装不知，采用"不太清楚""不甚了解""缺乏研究"等模糊语言回答法。

对于合理但目前还办不到的要求，可以拒此应彼，即在拒绝对方这一方面要求的同时，尽量满足其他方面的合理要求来作为补偿，以减轻他的遗憾、失望之情。也可以真心实意地为对方着想，替他出谋划策，建议他另求希望更大的门路。

凡公事，只能用政策法令、规章制度不许可来拒绝，而不能用个人的名义来拒绝。即使是私事，用诉说自己的难处、苦衷，来表示心有余而力不足，意有余而权有限，总比生硬地塞给对方一个"不行"，更易取得他的谅解。如对方胸襟开朗，易于接受，最好及早开诚布公地说明拒绝原因，以便他另作安排、打算。

如对方毫无思想准备，承受心理压力的能力很低，猛然被拒，轻则可能烦忧、痛苦不堪，重则可能精神失常，最好以商量、研究之后再奉告为借口，以拖延战术再加上旁敲侧击，逐步暗示对方自觉意识到已被拒绝。但你始终未曾当面说出一个冷冰冰的"不"字。如对方是你的上级、长辈，与其让他一再催你答复，不如你主动登门说明原因，委婉拒绝，以免失敬。

如对方是你的下级、晚辈，即使所提的问题不便回答，所提的要求不合理，也不宜当众耻笑、训斥，而应耐心解释或暗示拒绝的原因，如对方对拒绝的理由信不过，仍想纠缠，不妨再加上人或物或事做旁证，以增强拒绝理由的可信程度。

不善于拒绝，一次拒绝，就有可能得罪一位多年的深交；善于周旋，尽管天天都在拒绝，但仍然广结良缘，极少因拒绝招来非议、埋怨。

聪明女人懂得不给对方以幻想，但应给对方以希望。一个人被拒绝以后，仍有希望，就有盼头、奔头、干头，不仅有助于减轻、消除遗憾感，而且还能促使人振奋向上。

合理的要求，一时还不能解决，不妨如实告诉对方，经过努力，待条件具备了问题就会迎刃而解。如属于经过对方的主观努力可以创造的条件，拒绝与鼓励相结合进行，拒绝就有可能转化为动力。如属于受多方面客观条件的限制，非个人的主观努力所能改变，也应给对方以希望，而不能令人绝望。

所谓给予希望，绝不是说空话、许空愿，而是在拒绝之后，再做一些必要的善后说服工作，使对方感到虽然某个要求未能满足，但工作还是有意义的、生活还是美好的。一拒了之与许空头愿都是对人冷漠无情，对事不负责任的表现。拒绝之后，给了希望、鼓励，使对方体会到了你那火热的心肠、殷切的期待。这份情谊仍然是可贵的。

职场世界，人们形形色色，事情万千多变。不能被别人牵着鼻子走。尤其是女人是比较重感情的一类人，遇事要沉着冷静，懂得变通，善于利用自己女性的魅力来自由转换和变通，随机应变，不让自己处于被动地位，不对自己造成伤害。

不要一味迎合别人

一个跟在别人后面人云亦云，鹦鹉学舌的女人注定是一个平庸的女人。成大事的女人绝不会为了迎合别人而改变自己的主意。

撒切尔夫人原名为玛格丽特·希尔达·罗伯茨，小时候的玛格丽特得到很好的教育，这与她父母的关心是离不开的，除了学习学校的各门课程之外，还上各种补习班、学习钢琴，经常听音乐会等等。

尤其是父亲，对她的成长产生过非常重要的影响。有时，她想出去玩，可她的父亲却不允许。而且，父亲告诉她说："不要仅仅因为别人做了那样的事你也跟着做，或想去做。拿定主意你要去做什么，说服别人跟你走。"

作为孩子的"第一任"老师的父母，撒切尔夫人的父亲给予的教诲对她影响非常大，她一直遵循着父亲的规劝，沿着不同寻常的目标努力。也养成了坚强刚毅的性格，独立顽强的精神。

玛格丽特的父亲做过一个小城市的市长，还兼任地方治安官员。由于这种环境，玛格丽特有机会旁听各种案件的审理，使她对法律产生了浓厚的兴趣。

幼年时代的玛格丽特没有过人之处，她最大的兴趣就是政治。在同学们中间，玛格丽特没有太多的朋友。她最喜欢的活动是学校组织的辩论会，差不多每个题目她都能够说出自己的见解。

童年时代刻板的生活，造就了日后的"铁娘子"，尤其使她养成了一种坚忍、毫不妥协的性格。

长大后，玛格丽特考取了英国著名学府牛津大学。她本打算学法律，可偏偏被化学系录取了。在大学期间，她的专业是化工，可她用在社会政治活动的时间却远远超过了在实验室的时间。牛津大学是世界级名牌学府，更是政治家的摇篮，有参与政治的传统，英国有许多政界要员、首相都在这所大学里攻读过。

玛格丽特是保守党内的活跃分子，1946年被推选为保守党俱乐部主席，后来正式加入保守党。她深受保守党的政治熏陶，钦佩丘吉尔首相，立志要做丘吉尔那样的人。

但她也知道，在英国这样一个传统观念浓厚的国度里，一个女人跻身政界，获得一席之地是非常困难的。但这对于她来说，挑战性即是一种激励。因为，她知道女人要成就一番事业，一定要自己拿定主意，而不能去迎合别人。

1951年，玛格丽特同丹尼斯·撒切尔结婚，至此才正式成为撒切尔夫人。撒切尔夫人对所学的化学实在没有太多的兴趣，结婚后不久通过考试，取得律师资格。

律师工作的空间是社会，这种工作方式更适合撒切尔夫人。经过几年的锻炼和5次竞选议员失败的洗礼，人们对撒切尔夫人有了一定的了解，撒切尔夫人也变得更加成熟了，性格也更加坚忍了。

24岁时，她当选为保守党下院议员。撒切尔夫人朝着自己的政治理想向前迈进一大步。1971年，撒切尔夫人出任英国教育大臣，成为保守党历史上第二个进入内阁的女性。

从这里开始，她便开始靠着对"拿定自己的主意，不迎合别人"这一细节的问题把握一点点，就赢得了人生的辉煌。

作为英国当代政治史上的"铁娘子"，她给人的印象是冷漠、泰然、有非常强的自制力。就任首相之后，她的行为也曾经多次引起争议。对此，撒切尔夫人有自己的看法。

她认为，假如我自己不能引起人们的争议和批评，那就说明我不称职。她说："一个人如果总是迎合别人，不要别人的批评，那么，他必将一事无成。"

这句话不失为她"铁娘子"形象的最好诠释，是她鲜明个性的真实写照。她在青少年时代是这样，当了首相之后依然如此。她从不为别人的批评议论所动摇，更不因为别人的观点如何而改变自己的政治主张和观念。这才是一个成大事的女人。

铁娘子的"铁"并不是在她担任首相之后才表露出来的，这种性格贯穿她的始终，只不过是在当了首相后，才得了"铁娘子"的称谓。撒切尔夫人就任教育大臣后，针对教育中的某些弊端提出了自己的看法和改进意见，引起了争议，她的两项经济政策，更是引起了轩然大波。这两项政策分别是：一、停止免费向小学生供应牛奶；二、不再给大学生贷款。前一项措施招致了学生家长的强烈不满，而后一项措施则造成了保守党和大学生之间的冲突。

一个学生组织扬言要绑架她。然而，撒切尔夫人并没有因为社会各界的压力和舆论而改变自己的主意，用她自己的话说："我照旧做下去。"自幼养成的这种不回头、不怕别人议论、不为他人左右的性格，在初登政坛的撒切尔夫人身上突出地表现出来，这可以说是她成就大事的基础。撒切尔夫人在处理各种问题以及实施各种内外政策时，始终坚持自己强硬的观点和立场，不留余地。这成为她的工作作风，也是她不能改变的性格。

她任首相后，把许多政策、措施，用"法律管制下的自由"加以概括。而更多的时候是管制多于自由。在西方人的眼中，撒切尔夫人是一位坚强、毫不妥协的政治家，而正是她的不妥协，不迎合别人的个性才使她获得了如此殊荣和如此非凡的成就！

阻碍你更优秀的，是你的思维

昨天的文盲是不识字，今天的文盲是不懂外语和电脑，明天的文盲是什么样？联合国教科文组织早已给出新的定义：不会主动寻求新知识的人。在人类跨向知识经济时代的今天，知识对每个人的重要性越来越突出，现在不再是"活到老，学到老"。而是"学到老，才能活到老"。所以，聪明的女人会学习、学习、再学习。准备得充分一些、再充分一些。这样才能不断提高自身素质，抓住机遇，走向成功。

如果说人生就是一条道路的话，聪明的女人不会半途而废，会一直勇往直前地进取。在路上也许会有坎坷和荆棘，也许会跌倒，但是聪明的女人必定能够克服障碍，并且积累可贵的人生经验。

既然行走在生活的道路上，就像那首歌所唱的："人生路上甜苦和喜忧，愿与你分担所有。难免曾经跌倒和等候，要勇敢地抬头。谁愿常躲在避风的港口，宁有波涛汹涌的自由。愿是你心中灯塔的守候，在迷雾中让你看透。阳光总在风雨后，乌云上有晴空。珍惜所有的感动，每一份希望在你手中。阳光总在风雨后，请相信有彩虹；风风雨雨都接受，我一直会在你的左右。"

能够找到愿意分担一切的伴侣固然幸福，但在生活中汲取的经验也非常重要。有这样一个典故：是关于古希腊伟大的学者苏格拉底的。据说他虽然博学多才，是同时代的佼佼者，但是却常常为自己的无知感到苦恼。

有一天他的众弟子跑来问他："老师，世人皆说您是无所不知的学者，您却为何日夜苦恼，唉声叹气呢?"

苏格拉底拿起手杖在地上画了个大圈，又在大圈里面画了个小圈，语重心长地说道："弟子们，你们看——这个大圈代表我所拥有的知识，小圈代表你们所拥有的知识，大圈之外便是你我都不明白的知识。因为大圈和外界接触的部分多，小圈和外界接触的部分少。你知道得越少，你所产生的疑问就越少，你想要学的东西便越少，而你知道得越多，你所产生的疑问就越多，想要学的东西也就越多。所以我时常苦恼。"

是啊，知识是学不完的，需要我们不断努力学习。

作为一个聪明的女人，不论你是在求学的时代，还是已经踏入社会，学习将始终伴随我们一生。

可是，在现实生活之中，举目看去，这样的情况俯拾皆是：对于许多已经工作了的人来说，自从走上工作岗位，便很难再有学习的时光和热情了。甚至很多大学的老师，即便他们处在教育的大环境下，除了教课之外，也没有多少时间用在学习新知识之中了。难道当真是大学一毕业，学习生涯就此结束了吗？其实不然。

中国古代先哲孔子有一句话，叫作"学然后知不足"，通过学习，我们会拓宽思路、增长知识，然而我们同时也会发现，自己不足的地方实在太多了，这也不懂，那也不懂。甚至常常会怀疑自己到底有没有这个能力、精力，把不足的地方补上。在我们身边，就常常有这样的例子，他们在这个关节点上浅尝辄止，最终半途而废。

学然后知不足，知不足后应该发奋图强，循序渐进，持之以恒，直至弄懂为止。学然后知不足，已经是进步的一半，只要我们继续努力，弥补不足之处，就能取得更大的进步，这才是聪明的女人。

著名国学大师王国维在其《人间词话》一书中，有关于古今成大事业、大学问者立业、治学三境界的论述：古今之成大事业、大学问者，都会经过三种之境界："昨夜西风凋碧树。独上高楼，望尽天涯路。"此第一境界也；"衣带渐宽终不悔，为伊消得人憔悴。"此第二境界也；"众里寻他千百度，蓦然回首，那人却在灯火阑珊处。"此第三境界也。

在这里奉献给各位亲爱的读者朋友们共勉，希望每一位聪明的女人，或者愿意成为聪明女人的朋友，能够不断提高自己，完善自我，早日达到最高的境界。

那么，对于每一位聪明的女人来说，提高自己、完善自我的最高境界是什么呢？让我们借助自然界的一些动物来做一个比喻：

第一重境界：蚂蚁。在我们周围的绝大多数女人总是像蝼蚁般忙碌着，她们是那么平凡，丝毫也不引人注目，甚至是灰头土脸，既不光鲜，也无时代感，下得了厨房，却不一定出得了厅堂，就像那田野中成片的油菜花，既不炫目，也无意争春，生来就是奉献的，经济实用却不华贵。她们的一切都是为了别人，为父母、为丈夫、为子女，唯独不为自己。

第二重境界：蜜蜂。人们赞赏蜜蜂不仅仅是它的勤劳和聪明，更由于它给生活带来的芳香和甜蜜。在生活中，很多女人就像这蜜蜂，忙碌而充实地生活着。她们同样勤劳善良，她们的生活不光为别人，也为自己。

她们左手握住家庭，右手则牢牢把握着自己的命运，在生活这个大花园中忙碌地采撷着花粉，去酿造自己的那份甜蜜。她们对生活有目标，对事业有追求，既不碌碌无为，也不好高骛远，只是踏踏实实地努力着、工作着、创造着，没有喧嚣嘈杂，也无大起大落。

第三重境界：蝴蝶。蝴蝶是为了装点和美化这个世界才降临于世的，能与花儿媲美的，也只有蝴蝶。风华绝代的女人就像蝴蝶，她们来到世上就是为了奉献美丽和爱情。

她们既不俗气，也不奢求，仅仅是为了追求美丽而活着。她们像宜人的风，像燃烧的火，有着水一样的柔情和铁一般的刚烈。为了这绚丽无比的生命，为了追求心中的理想，即便只能活一个春夏也在所不惜，化蝶就是她全部生命能量的总释放，这样的生命美轮美奂，为人间增添了异彩。"梁祝"之所以流芳百世，就是人们对这种美丽和爱情的赞赏和肯定。

第四重也是最高的境界：天鹅。高贵的天鹅令人仰慕，它是那么安详和宁静，一尘不染，洁白而高雅。只有壮游翱翔千万里，经历了风雨的洗礼，体验过波澜壮阔的生涯后，才会拥有这份安详和宁静。

事业有成的女人就像天鹅，她们除了要承受全人类所共有的那份苦难外，还要承担由于历史、文化、性别等方面形成的偏见和压力，艰难地开辟出自己的一方天地，在体验了女人生活在世上的那份艰辛的同时，也得到了属于女人的那一份成功和美丽。

这样的女人，宠辱不惊，世事的起伏在她眼里不过是另一种人生体验，世间百态经过她聪明处理，便会发出会心的微笑。她懂得，生命的本质就是无限的求索和发展，心底自有一份自信和从容。

她不需要大红大紫，笑看花开花落，坐望云卷云舒，在她面前，年龄也只得掩面而去，因为，她心中保持着峰峦叠翠，景致优美，永远拥有一个斑斓瑰丽，浩瀚无垠的精神世界。

蚂蚁和蜜蜂型的女人固然使人敬重，蝴蝶型的女人也可以让人惊叹，但只有天鹅型的女人最为完美。生活这部百科全书，造就了千千万万种女人。每一位聪明的女人都在从这四种境界里修炼，一重又一重地提高，力求达到更完美的境界。学习知识不一定要读书，爱读书是因为喜欢享受阅读的心境，喜欢与自己内心交流的感动。

不要轻易给别人添麻烦

　　黛博拉坐在客厅里，紧握着拳头气愤地说："我永远也改不了，我一错再错！"黛博拉所指的是，她一次又一次地听从她的朋友嘉莉劝她做这做那。这一回，她听了嘉莉的意见，把她的厨房糊上一层最新式的红白条墙纸。

　　"我们一块去商店选中了这种墙纸，因为嘉莉喜欢这一种，说这墙纸能使整个房间活跃起来。我听了她的话。而现在，是我在这个蜡烛条式的牢房里做饭。我讨厌它！我怎么也不习惯。"她感到，这一折腾，既花费了钱，又一时无法改变。

　　黛博拉意识到，自己不仅是对选墙纸一事愤怒，而且气愤自己又受了嘉莉意志的摆布。同样也是嘉莉，说黛博拉的儿子太胖了，劝她叫儿子节食。她还说她的房子太小，使她为此又花了一笔钱。

　　黛博拉解决问题的关键在于，要学会尊重自己的意见。过去，她的意见总要事先受嘉莉等一帮朋友的审查。后来她有了进步，尽管嘉莉说那双鞋的跟"太高，价也太贵"，她还是买了那双高跟鞋。黛博拉回忆说："我差点又让她说服了。但我还是买了，因为我喜欢，您可以想象当时嘉莉的脸色多难看！"最有趣的是，最后嘉莉自己也买了一双同样的鞋，因为鞋样很时髦。

黛博拉现在所做的调整，只是把握好与另一个女人的关系的分寸。她仍然把嘉莉当作好朋友。并不是每个人都有类似的朋友，在特殊情况下，有的人愿意受朋友的控制，是因为他缺乏主见，产生了对朋友的依赖，而过分地依赖会让朋友产生反感。

苏珊是位年轻妇女，她愿意让一位朋友摆布她的生活。与黛博拉不同的是，苏珊却是主动要求受控制。当她的垃圾处理装置出毛病后，她给好朋友玛莎打电话，问她怎么办。订阅的杂志期满后，她也去问玛莎是否再继续订。有时她不知晚饭该吃什么时，也给玛莎挂电话问她的意见。

玛莎一直像个称职的母亲一样，直到有一天出了乱子。那天，玛莎的一个儿子摔了一跤，衣袖给划了个口子，需要缝针。苏珊又打电话问问题了，由于非常疲倦，玛莎严厉地说道："天哪！看在上帝的分上，苏珊，您就不能自己想想办法？就这一次！"说完就挂了电话。苏珊对玛莎的拒绝使她感到迷惑不解，她说："我还以为玛莎是我的朋友呢。"

过分地依赖会损害你和朋友的关系，而且是双方的。朋友并非父母，他们没有责任指导和保护你的义务，他们能给你支持，但不可能包办代替，你必须清楚，他们只不过是朋友而已。

你自己不能做决定，缺乏主见，就会使你受到朋友正确或错误的意见的影响。为此，请你记住，女人更需要朋友和知己。与朋友平等相处，有往有来，互相帮助是必要的；但是，要摆脱对朋友的依赖，不要轻易给别人添麻烦，也不要事事替朋友操心，拿主意。

我们时常会看到，有些人好像不在自己意志指挥之下生活，而是在别人给他划定的范围之内兜圈子。他们所奉为圭臬、所赖以决定自己动向的，是"别人认为怎样怎样""我如不这样做，别人会怎样说"，或"假如我这样做，别人会怎样批评"。不幸的是，别人的批评又是那么不一致：张三认为应该向东，李四认为应该向西，赵五认为应该向南，王六认为应该向北。你如选择其一，其他三人总会指责你。于是，时常顾虑到"别人怎样说"的女人，她就只好一年到头在不知究竟怎样才好的为难紧张之中团团转，总也走不出一条路来。

这种女人，即使侥幸由于她天生的善于应付，而能做到"不受批评"的地步，她最大的成就也不过是个不被讨厌之类的人物。

别人所给她的最大的敬意，也不过是说她一句圆滑周到而已；而在她自己本身来说，因为她终生被驱策在"别人"的意见之下，一定感到头晕眼花、疲于奔命，把精力全部消耗在应付环境、讨好别人上，以致没有余力去追求自己的梦想。

当然，我们并不是说，一个人应该独断独行，不顾是非黑白。而是说，我们在听取别人的意见之后，一定要经过自己的认定和理解。我们应该自己有主见，用足够的理智去认清事实，在决定方向之后，就不再受别人的意见的左右。

第五章
自强美女的幸福人生

　　自强女人的幸福人生是她们自己营造的，有一定个性和生活质量的人生。她们不在乎钱的多少，但需有一定的经济基础；她们享受婚姻的幸福，但追求真正的爱情。她们不是完人，但活得潇洒自如。

观念不同，结局也不同

人常说：夫妻没有隔夜仇，床头打架床尾和。夫妻没有等级区别，没有高低贵贱之分，只要错了，说两句小话，无可厚非。"不是冤家不聚头"，夫妻吵架不足为奇，吵吵闹闹一辈子的夫妻有的是。

话虽如此，显然都是针对父母辈的夫妻间说的。他们的婚姻虽说大多都是父母之命，媒妁之言，然而是具有相当大的稳定性。当然，时代和观念的原因是占主要的。

那对现今的年轻人来说，不管是情侣间还是夫妻间，对于双方间共同语言的追求是更加明显了。对于话语权的占有也是日益鲜明。女性不再是唯唯诺诺、唯命是从的地位。她们的思想更加的开放和自由，追求男女平等，不论在地位上还是话语上。

那么，由于人的生长环境，教育背景以及人生观世界观的不同，对于问题的看法，生活的习惯，为人处世的方式，千差万别。那么情侣，夫妻之间的小矛盾就会增多。

如果走在一起是缘分，那么，每次都顺利地解决矛盾，能够维持这种缘分，是需要双方的共同努力的。

家庭里经常会产生一些小矛盾，但暂时也不会爆发出来，如果累加多了某天爆发出来，后果还是很严重的。不改变一下相处的方式什么的，光等待绝对是不行的，必须有人对此做出努力。

电视剧《双面胶》因惊心动魄的婆媳大战、错综复杂的家庭问题而引发社会话题，那些"小矛盾大悲剧"的残酷剧情让人不寒而栗。《双面胶》引起社会的强烈反响，男女老少、网上网下热议婆媳矛盾、地域隔阂、家长里短，这让身体虚弱的海清颇感欣慰。

对于海清饰演的上海媳妇，多数观众非常认可，认为她将一个性格耿直、优越感极强的上海"娇娇女"塑造得很成功。

剧中，丽鹃生长在精明的上海家庭，为人现实，讲究情调，我行我素，牙尖嘴利，不懂人情世故。观众对这样的上海"作女"表现出两种截然不同的反应：有人认为她作，作得令人生厌，有人认为她清醒理智，因为在这个世界上，人活得现实没有错。

而做过一回"丽鹃"的海清自然比别人更理解这个女人：她可爱、真实、顾家，并且通情达理，她的很多想法都没有错，如果丈夫坚持按照她的思维方式去做事，夫妻间的矛盾会减少很多。

丽鹃的弱点在于，她没有原则性，因为爱亚平，所以常常违反原则。"如果她稍有一些原则，不借钱就是不借钱，不和婆婆住一起就是不住一起，结局都会好很多。"

海清反问那些怪她作的观众："你说她作，那你得给她作的土壤和环境啊，有这样的婆婆和公公，她出现这样的态度很正常。"海清的态度代表了为数不少的一批新媳妇们的观点。

在她们看来，丈夫亚平表面上处处以老婆为先，但他接受的教育、成长的环境，让他骨子里的大男子主义倾向严重。这一系列性格差异、地域差异、文化背景差异都是导致婚姻悲剧发生的诱因。

如果非要将"罪责"迁怒于某一方，是丈夫？妻子？婆婆？还是丈母娘？都很难评判。海清说："我一直觉得这部戏不是写谁好谁坏，他们每个人都有各自的道理，为什么彼此不容？道理很简单，就好比教科书和言情书，你非要绑在一起卖，肯定卖不出去啊。"

很多家庭都有类似的境遇，具体情况可能不一样，但本质上基本都是一样的，即家庭成员之间产生的误会和矛盾不能及时化解和解决，久而久之变成一种难以化解的亲情危机和情感危机。

处于危机当中的家庭成员的感情比较脆弱，更容易在琐事上发生矛盾，更容易使用对抗的方式面对问题，有时虽然达成某种妥协，但这种以相互妥协换来的和平只是暂时的，只是一种表面的融洽而已。

引起矛盾发生的因素很多，但矛盾是可以化解的，只要是在矛盾开始之时，就把它消灭，而不是去回避矛盾，或暂时达成妥协，这样，就不会发生悲剧。

化解矛盾的方法很多，具体要看是什么方面的问题和矛盾了，如果来自客观环境的话，比如，收入不足啊，犯小人什么的。不要互相埋怨。

要努力把家人的注意转移到合作对付外来矛盾中去，即能化解矛盾又对解决问题有效。这样的问题不是一定要排除，重要的是化解家庭矛盾。

如果来自性格方面就麻烦了，但不一定要谁改性格（当然能做到最方便，但很难），改换相处方式或者避开某些风头出现的方向比较好，不是什么事情都要直面的。

会累积矛盾表示家庭关系中间有不能有效交流的弊端，或者难解的结。只要发现双方实质性的矛盾和心结，及时沟通，多互相谅解，少点计较。矛盾自然就化解了。

无论是情侣之间，夫妻之间，还是家庭成员之间，如果有矛盾，要及时地化解，不要积累成大问题，酿成大家都不想看到的悲剧。

有些话不要觉得说不说无所谓，比如，"我爱你"，"你真的很强"之类的，不要认为只要自己心里知道、只用行为表达就足够了，其实，每个人都有一点点的虚荣心，语言有时可以攻城略地。

再有就是要互相宽容一点，其实只要一点点，遇事先不要急于作出判断，要想想对方到底有什么难言之隐，不去了解对方的内心就不像是一家人了。有的时候呢，遇到一些事还是要睁一只眼闭一只眼的好，别让对方反感最重要。

最重要的是懂得换位思考，只有你为别人着想，别人才会为你着想。爱是相对的，只有懂得为别人着想的人，才会懂得爱别人，也才能得到别人的爱。

为别人着想不是为别人而活，那说明我们宽容，我们无私。因为我们生活在人群中，你中有我，我中有你。互相牵挂是再正常不过的了。

从人性的角度来讲，我们在走自己的路，但是我们的路上有亲人，爱人，朋友，包括那些擦肩而过的陌生人，都在陪我们一起走着。我们是有感情的人类，而且感情丰富，别人也会为我们做些什么，而我们同样会为他们去做些什么。

人有两只手，所以做事要顾忌到身边的人，绝不能以自我为中心而不顾别人的感受，应时刻为别人着想。人虽只有一颗心，不仅要时刻为别人着想，同时还要为自己着想。

所有的困境都会过去

刘美，34岁，南京市某美容机构总经理。

刘美看起来就是那种温文尔雅的女性，浅蓝的毛衣，黑色的西裤，把她的肤色衬托得非常白皙。她在大学里是学中文的，可是一毕业就没干过本专业，她的工作经历一如她的衣装那样简单。

毕业后，她进入一家效益特别好的公司，从业务员做起。一干就是十几年。后来企业效益一路下滑，四年前，她终于办了停薪留职，回了家。

"兢兢业业干了十几年，却没有了岗位，我心里失落极了。"刘美说，"30多岁的女人，说小不小，说大不大，在家里养老年轻了些，出去找工作又怕没人要。虽然家里条件挺不错，可是待在家里，每天打扫卫生、接送孩子，我真难受。"

她也曾做过办公室行政工作，可是她总觉得那不长久，仍然心里发慌，总想找点属于自己的事情干干。

"我很早就对女人行业感兴趣，美容、插花、茶道都是我喜欢的，其中美容我最喜欢，于是，我想到了去学美容"刘美说。

2001年冬天，最冷的那一个月，她在美容学校里却依然挥汗如雨，化妆、皮肤护理、文刺、修甲……她一个一个地过关，最终拿到了中级美容师的证书。

那期间，刘美收获最大的就是认识了几个好朋友，她们都是开美容院的，其中有一个还是在对美容一无所知的时候就开了店，在个人的努力下，克服了许许多多的困难，店的经营越来越好。

"那时我就想，别人能做，我为什么不能做"刘美说。就在那时，她萌生了开家美容院的想法。

"从小到大，我都是个很听话的人，在家听父母的，在公司听领导的，总是依赖别人，让别人为自己拿主意，从来没为自己做过主，可这一次我就要为自己做主！"刘美说。

她的想法得到了在国外定居的父母与兄长的支持，哥哥说，做吧，别给自己留遗憾。老公也说，想做就做，不要有什么压力，不管怎么样我都会支持你的。

在家人的支持下，刘美开始寻找合作品牌，经过近1年的考察，2002年9月，她确定下了深圳一位朋友推荐的品牌。接下来，她就开始选址、装修、招聘、购物、培训、办手续，一系列工作忙得她团团转，"这么多年来，我就没这么忙过，可是我真的忙得很愉快。"刘美笑着说。

经过2个月的忙碌，她梦想中的装修典雅、温馨洁净的美容院终于开业了。

"朋友和员工都说我不是个经商的料，可是公司开业时间不长，就有了不少长期客户，我真是感激客户对我的支持，"刘美说，"开这个公司对我来说，挣钱只是目的之一，最让我感到高兴的是，我能够为自己做主，迈出了人生非常重要的一步，让我重拾久违的自信！"

梁凤仪这个如雷贯耳的名字，相信大家都不会陌生。在读者的眼里，梁凤仪只是香港一个著名的财经小说作者而已。但是，她却利用了她对文字的独特理解，在生活中取得了连她自己都意料不到的成功。

梁凤仪在生活中扮演着作家、商人和太太的不同角色，其中写作占了她生活中的大部分时间。梁凤仪在永固纸业集团工作时，她的写作热情得到了升华。

一开始，她写散文，在好几家报纸开辟了专栏。当时《明报》连载她的散文，需要取一个栏目的名称，梁凤仪便去找《明报》当时的董事长金庸先生，想要他帮着取一个名。金庸先生对梁凤仪的到来也十分高兴，二话没说，略加沉吟，就在宣纸上写下了两个大字：勤＋缘。

"勤＋缘"系列散文在读者中反响极佳，写着写着，梁凤仪觉得不过瘾，便打算写小说了，1989 年 4 月，梁凤仪发表了她的第一部小说《尽在不言中》，为她的写作生涯开了个好头。

此后，梁凤仪开始以难以置信的速度，以近乎批量生产的方式，有系统地创作起小说来。

1990 年，梁凤仪写出了《醉红尘》等六部长篇小说；1991 年，梁凤仪更上一层楼，竟然一口气出版了《花帜》等一系列作品，"梁旋风"刮起来了。

当时，梁凤仪的财经小说发行量特别大，出她的书的出版商都赚了钱。梁凤仪想，自己的小说如此受欢迎，如此能创造经济价值，那为什么不自办出版社呢？说干就干，她亲任董事长和总经理，在香港把"勤＋缘"的出版社办起来了。

"勤＋缘"出版社获得了很大的成功，由此而来的是巨大的效益。仅仅在建社一年半以后，"勤＋缘"出版社就收回了八位数字的投资，并在两年以后，一跃成为香港 3 家营业额最高的出版社之一。

通过梁凤仪的例子，我们不难发现，在生活当中，能挖掘自己潜力是十分重要的，在积累了足够的经验后，成功将会有如滔滔长江之水，挡都挡不住！

希望所有的女性都能找到自己的位置，像梁凤仪的小说结局一样都能圆满。现在女人想要自立和自强，就应该拥有自己独到的本领，所以在年轻的时候，一定要多学多看，尽一切最大的可能把自己的优势发挥出来，早日争取到属于自己的一席之地。

姑娘，你本末倒置了

有一位出租车司机曾说，有一次他在一条著名的酒吧街拉到一个黑人，双手各搂一个中国女孩。他一开始以为她们是做特殊职业的，没有在意。直到后来她们让他把车开到一所著名高校的女研究生宿舍前，这才万分诧异。

有的女人把自己的青春献给了老外，以为自己会拿到绿卡，可是实际上却成了老外的玩物。这是当前很多姑娘的悲哀。在这个繁华的世界，很多女人都迷失了方向，她们认为找个外国人嫁了就可以拿到绿卡，找个"大款"傍了就可以获得财富。

有调查显示，有 21.2% 的女大学生认为傍大款"很正常"。而据相关人士表示，这是由于社会不良风气的侵蚀造成了部分女大学生在道德认知方面出现偏离。

做个大胆的推理，把调查范围从女大学生扩大到"女人"，认为傍大款"很正常"的比例肯定不只是 21.2%。很多女人，"宁愿坐在宝马车里哭，也不愿坐在单车上笑"。"好风凭借力，送我上青云"，在她们看来，嫁一个大款，至少可以少奋斗十年。

有个女孩子曾这样列举"傍大款"的诸多好处：找了大款，有了钱，可以买很多高档的化妆品，保养皮肤，使自己到了 40 岁还依然年轻；和大款出去吃饭，一定是去高档的酒店，吃西餐；平时出门，坐高级的轿车，气派；穿的呢，就全部买名牌衣服，成千上万也不觉得心疼；空闲时间，就去国外游玩等等。

女人"傍大款"的心理，可以这样描述：嫁给大款更好，嫁不了当"二奶"和"小情人"也愿意，她们要的不是感情，而是向大款奉献年轻的身体，来换取大把的钞票与衣食无忧的生活。可见，从某种角度说，女人年轻的身体成了男人的温柔陷阱，当然，这也成了一些女人"勾引"男人的武器。

可是，姑娘，你本末倒置了！人活着，总是要有一点精神的。现在社会的女人应当自尊、自信、自立、自强，在全世界倡导人性自由的当今社会，你们却逆时代潮流，作践自己的身体与声誉，自我奴化，希望做男人的依附和藤蔓，总想不劳而获，总想躺在男人的金钱里过安适的生活，这实在是可悲。

歌坛天后玛丽亚·凯莉在经历过大起大落后，在人前总维持她性感而又略带风骚的形象，她的清凉服装也曾被批评为缺乏品位，但是凯莉强调她只是穿着有点独特，绝对不是浅薄的女人，而且她坚守道德底线，不会随随便便就和人上床，她还自称是"怪异的拘谨女人"。

凯莉常让人觉得她似乎少根筋，她也坦言不讳，并表示，"因此我有三个私人助理，为的就是让一切都照既定程序进行。"凯莉说，她虽然有点"缺心眼儿"，但私生活却非常严谨，算是个思想保守的人。聪明的女人只有这样才能抛却世俗，立足社会。

一个金发美女走入纽约的一家银行，用又大又蓝的眼睛看着贷款人员说，她将要去欧洲办事，要走两个星期，并要向银行借5000美元。贷款人员说银行需要一些担保品，于是美女坐到贷款人员的桌子旁边，交出停在银行外的一辆新的劳斯莱斯的钥匙。

当所有的手续都已完成，且银行方面也接受了那辆车为担保品后，一位雇员将车子开到了银行的地下室车库停放。

两周后，这个金发美女穿着黑色紧身裙回到银行，还了5000美元的借款并支付了15美元的利息。

贷款人员困惑地看着这个金发美女说："我们很高兴跟你做生意，而且这个交易又进行得非常完美。但我们有一些困惑，我们曾对你做过一些背景调查，发现你原来是个大富翁。因此，我们非常困惑你为什么要借5000美元呢？"

那金发美女就回答他说："你能告诉我，纽约还有哪里能让我停车两个星期，却只要付15美元的地方呢？"

做一个聪明的女人，就会让人忽视了你的外貌，而关注你的大脑。

所以，美貌的女人，应该给自己一些空间充实自己，完善自己，多花一点时间学做一个生活中的聪明女人。因为在这个宣扬个性的时代，女人很容易只看见表面的张扬，而在事实上迷失自我。

不可否认，凡世间女子，无不渴望自己有漂亮的外表和聪明的头脑，既要有较高的回头率，也要有洞察一切、驾驭一切的能力。然而，漂亮与否不是我们所能控制和改变的，而是天生的。

可聪明不聪明却是由自己掌握的，是可以通过后天的努力来改变的。木讷的可以变灵活，愚钝的可以变机警，一无所知的可以变得无所不知，只要我们肯去努力。聪明的女人会不断地努力，努力让自己变得像水一样灵动，像风一样迷人，像花一样善解人意。

聪明的女人不要求自己有如花的容貌，她们明白造物主造人不可能让每个人都是闭月羞花，沉鱼落雁。她们是平凡的，普通的，既不贵如牡丹，也不贱如野草，她们具有自己的特点，平凡而又各具特色。

聪明的女人不要求自己一定成功，样样出类拔萃，也不强求自己做伟大的母亲，事业上的女强人。聪明的女人明白凡事尽力而为，因此活得洒脱而又充实。

保留一些自我空间

当代贤妻良母十分注重保持在家庭婚姻中的独立意识和独立人格。而在婚姻家庭领域保留一份自我空间，又是女性保持独立性的首要条件。

爱情是有空间的，男女各自占有一半。如果一方失去自我，就会被另一方全部占有，这就失去了爱的基础。以往，男女相爱总爱这么说："为了爱情，我可以牺牲自己的一切。"

其实，为恋人牺牲自己的一切体现了依附的观念。而今，恋爱期间的女性，要注意保留自己的一个空间，这个空间除了容纳爱情外，还容纳事业、志趣、爱好……

家庭也是有空间的，人们除了在这里休息、睡觉、生儿育女，还可以成为学习、工作的"第二阵营"。你在婚前生活的爱好、习惯、生活方式、性格等，不一定因为家庭成员的强制而改变。

在生活中，你不单单是同恋人、家人的感情，还有与同事、朋友的感情，不论对方是男是女，都没有被别人剥夺的权利。

在生活中，你可以保留一份感情空间，用来爱自己。你心中的某些隐秘可以不对家中成员说，你有封闭这部分感情的权利。你的行动也是有一定空间的，业余时间不单单同恋人、家人在一起，还要到各种社交场合、社会活动场所。

当然，给丈夫保留一份自我空间也是非常必要的。在日常生活中，常常会出现这种情况：妻子总希望丈夫能待在自己的身边，而丈夫并不愿意；虽然妻子给了丈夫可口的饭菜，给了丈夫许多温存和关爱，丈夫仍感觉不到十分欢愉。

相反，他们会感到空虚、无聊、妻子"粘"得越紧，丈夫的这种感受就越浓。比如，有这样一个例子：

> 一对夫妻长年累月厮守在一起，丈夫一下班就早早回家陪伴着妻子，妻子除了参加少量的妇女会组织的活动外，大部分时间都待在家里。这是一个典型的足不出户的小家庭，

表面温馨、和睦。

可天长日久，他们都觉得日子过得太平淡，索然无味。一次，丈夫因事要与公司的老板外出一段时间。丈夫走后，妻子突然觉得换了一个天空。白天她去参加社交活动，晚上邀几位知友在家聊天，妇女的热门话题。她觉得生活得非常充实和有意义。

丈夫虽随老板有公务在身，但他却领略到了从未有过的自由和舒畅。两人重新见面后，都感到了对方强大的吸引力，新鲜而动人。

这就是给彼此保留一个空间所带来的夫妻间的快乐与幸福。

有一位事业有成、外貌潇洒的标准单身男人曾说："如果能有一个女孩愿意陪伴我，而在我希望单独相处的时候，能够理解和尊重我的这一基本要求，让我自己去做我自己喜欢的事，那么我就会爱上她，并马上与她结婚。"

一个丈夫需要妻子给她一定的空间去享受他的某些嗜好，做妻子的就不必担心他去追求别的女孩或被别的女孩所迷惑，只有那些对单元式的小家庭生活感到厌倦的丈夫，才会掉进"女狐狸"的陷阱。

一些夫妻或者情侣总希望能看牢对方，外面的世界靓仔靓妹太多，仿佛一不小心对方就会鸟儿似的永远飞走。于是在日积月累的担心中，将自己异化成一只鸟笼。

殊不知，在囚禁对方的同时，你自己也失去了自由。因为你不信任对方，总要时时刻刻看管、监视、提防，使得自己也耗尽心机、耗尽精力和时间。

然后，这只鸟笼还会慨叹：活着真累啊！

你肯定会累的，除非你愿意打开笼门，让鸟儿飞走，把自由还给自己。还有一种可能性就是，当你打开笼门，鸟儿反倒愿意回来了。因为敞开的鸟笼已不再是牢房，而成了一个温暖的窝，或是一棵舒适的树枝。

丈夫偶尔在周末离开家出去打保龄球，或是与一群朋友玩玩扑克，他们就可以因此而获得这种独立的感受。有些丈夫喜欢在闲暇时将自己关在书房里，静静地待一会；有的喜欢研读一本惊险小说；有的喜欢将自己的车子仔仔细细地检修一番。

不管你的丈夫将这些快乐的自由时间做什么安排，只要他不为某种嗜好变成恶习，如果你能尽量满足他，那么你就是一个聪明的妻子。

幸福的夫妻，懂得同舟共济

约瑟夫·艾森保在一家洗衣店当了25年的送货员，突然间被解雇了。一个没有受过特殊训练的人，想要找个职位是很困难的，对中年人来说尤其不容易。当艾森保夫妇正在为找不到工作发愁的时候，正好有一家面包店要出售。价钱还算合理，但是却必须把他们所有的积蓄都投资下去。

这只是开始而已。艾森保太太知道，在生意还没有做稳以前，他们是没有能力雇人帮忙的。于是她便积极地努力拓展这个新行业。那时候，除了做家事以外，她还必须在面包店里长时间工作，以便招待客人。

除了打扫、洗刷、做饭，她每天还要在面包店里站上八到十个小时，这些劳苦已经足以使任何一个人感到泄气了。

"但是，"珍妮·艾森保说，"我高高兴兴地做着这些事，因为我知道，这是我丈夫重新闯出天下的一个机会。"

"现在，面包店已经开业5年了，生意相当好。我们的经营很成功，而且一直扩展到足够应付一切需要。我们能够以自己的努力建立了这个事业，实在很值得骄傲。"

有许多家庭在碰到了像艾森保先生失业的这种难题以后，由于妻子不愿意帮助丈夫挽救这个情况，整个经济就会开始走下坡。

许多女人都认为，丈夫应该肩负所有的责任，不管时机是好是坏。她们忘了，有时候为了拖出陷在泥塘里的车子，当妻子的也需要付出额外的帮助。

这儿又有另一位女士的故事，她也是在必要的时候付出自己所有的能力。威廉·R·柯门太太，她不仅帮忙她丈夫的生意，还同时有自己的职业，便他们的家庭有了很好的经济基础。

柯门太太是一名护士。当她在嫁给比尔·柯门的时候，比尔白天工作，晚上到夜间部上课，以便取得高中的毕业证书。为了使比尔不至于放弃夜间部的学业，柯门太太婚后仍然继续做护士。

她很希望丈夫保持不缺课的纪录，所以在她生下小女儿的那个晚上，她仍然坚持她丈夫送她到医院以后赶去上课。在6年中，比尔从没有错过夜间部的一堂课——终于在他的母亲、妻子和女儿骄傲的注视中，得到了他的毕业证书。

当比尔得到了示范推销不锈钢具的工作以后，他的妻子海伦就充当他的助手。他们一起举办示范餐会，由海伦做菜，而由比尔推销。

后来比尔的父亲去世了。比尔和他的兄弟得到一家印刷厂，比尔和海伦·柯门便从比尔的兄弟那儿买下了这家印刷厂。这时候他们必须向银行借一笔钱。

于是海伦·柯门又去当护士，帮助偿还这笔债款。而每个晚上和周末，她都在印刷厂里当比的助手。

"我很高兴，"她写道，"如果我们能够继续健康地工作，5年以内，我们将可以付清我们的房子和生意上的债款。然后我将辞掉工作，为比尔和孩子们做好家务。"

柯门太太，是一个能够在紧急困难的时期和丈夫一起工作以及为丈夫工作的好妻子，就像艾森保太太那样。由于这种助手只是临时的，她们的效率都特别高。

家庭生活里的某些危机，例如欠债、疾病，或是丈夫的失业，常常需要妻子暂时到"外头"去工作。这种帮忙是广义的夫妇搭档的一种行动——因为妻子是在为家庭的幸福工作，而不是想以拥有自己的事业来达到自我满足。这是一种所谓的"紧急措施"。

有一位女士，她在这种情况下做得很好，甚至为整个家庭创造出新的生活意义。她的名字是强纳生·威特·史坦太太，她和她的先生与5个小孩住在新泽西州。

史坦先生是个推销员。好几年前，一场重病使他没有办法全力去工作。为了要养活这个大家庭的3个小孩和1对双胞胎，他妻子就碰上这个难题了。

史坦太太很快地复习了一下她拿得出来的本事。她对于办公室的工作没有经验，也没有才能。她做得最好和最喜爱做的事情，就是特制餐点：小孩子的生日点心、结婚蛋糕、宴会甜食。

从前她常常替朋友们做一些特别的餐点，但那只是因为她喜欢而已。玛格丽特·史坦，把她心里的想法告诉了一些人，于是她的朋友开宴会的时候，都特地请她做。

她精致与不寻常的餐点，都是这么可口，很快得到了赞赏——更多的订单便源源而来，使她必须训练助手来帮助她。由于所有的餐点都是在她自己的厨房做的，她的丈夫和孩子们就都来帮助她。

后来，生意愈做愈大，玛格丽特就成为一个专办酒席餐点的人，并且做了宴席顾问。

玛格丽特·史坦的紧急应变措施是如此的成功，史坦先生现在已经全天上班做个营业经理了，他和他的妻子有最完美的合作。

"我讨厌价钱、成本和开账单，"史坦太太说，"我忙于创造新的方法，来准备供应我的特制餐点。让我的丈夫来照料所有生意上的细节，可真是一项最伟大的事。"

我们大家都无法预料，将会发生什么意料之外的困难，使得我们的经济来源突然中断，迫使我们必须亲身去赚取部分或全部的家庭开支。为什么你现在不马上寻找可以应用的才能，来看看如果发生意外的时候，你是否有足够的准备，去面对这个紧急变化，以便同舟共济地渡过难关呢？

不要泯灭了你的个性

说起个性，不知道你有没有看过一部叫作《抬驴》的动画片：

有个老汉带孙子赶着一头毛驴进城。为了让孙子轻松些，老汉牵着老驴走在前头，让小孙子骑在驴背上。

走了一段路，有人对他们指指点点，说这个孙子只顾自己享受太不孝顺了，竟然让爷爷牵驴。听到别人的指责，孙子赶快下来让爷爷骑驴。

走了一段路，他们又听到有人指责，这个老汉太不关心孙子了，竟然让这么小的孩子在颠簸的路上受罪。听了别人的议论，老汉和孙子想别人说得很对，为了避免别人的议论和指责，他们商量干脆谁也不骑驴，走路算了。

没走多久，又有人对他们评头论足，说这两个人太愚蠢了，竟然不懂得享受，让驴轻松，自己走路。他们一听，觉得别人的说法有道理，于是决定干脆两人一起骑驴算了，免得别人再说闲话。

可是没过多久，又有人笑他们太没良心了，驴那么瘦又那么辛苦，竟然还忍心让它受苦。

最后为了避免别人再说三道四，爷孙俩决定用担架抬着驴走。很快，他们扎了个担架抬着驴向城市挺进。经过一座桥时，担惊受怕的驴胡乱挣扎，最后驴连同爷孙二人都掉进了河里。

假如爷孙俩不听别人的议论保持自己的个性，又怎么能闹那么大的笑话呢？有人说个性决定命运。也有人认为性格决定人的活法，态度决定人的结局。其实个性是一把双刃剑，用好了会助我们一臂之力披荆斩棘抵达理想的终点，用不好到头来伤害的是我们自己。

诗人但丁有一句至理名言："走自己的路让别人去说吧！"我们补充一句，保持个性，走自己的路，哪怕别人什么都不说。因为，我们女人来到世上，注定了没有人能代替我们走自己的路，也没有人能原汁原味地替我们品味人生的酸甜苦辣，更没有人能替代我们横成岭侧成峰地欣赏路上的风景。

世上所有的事物，都有着独特的个性，景致如此，城市如此，女人也是如此。

梅花的个性是独立寒枝，斗雪待春；瀑布的个性是飞流直下，一泻千里；孤松的个性是苍翠挺拔，危崖傲岸；骆驼的个性是铃声摇曳，横穿戈壁……

个性就像百年老店的招牌，呈现着奇美而鲜活的名片效应。譬如嵩山的峻、泰山的雄、衡山的秀、华山的险、恒山的奇，标志也好，特色也罢，它承载的都是历史和文化。

世界可以很大也可以很小，个性可以很强也可以很弱。那种求真向善的执着，不一定叱咤风云，也不见得独树一帜，但它在洁身自好中寻着自己的轨迹前进，有时也会发生惊世的奇迹；

那种锲而不舍的追求，不一定富丽堂皇，也不见得顶天立地，但它在自我认识中不断创造自己，有时也会挥洒出一幅动人心魄的绝美图画。

如果耐不住寂寞与空虚的困扰，随意疏远甚至隔绝个性，就会变得人云亦云，随波逐流，不知不觉中学会了阿谀学会了附和，把自己套进一个不属于自己的模式中，渐渐地丢失了自我，丢失了气节，甚至丢失了生命前进的方向，思想的缺钙不仅灵魂无处憩息，还会造成失忆的痛苦。

每个女人都有自己的脾气秉性，不要把别人看得完美无瑕，也不要把自己看得一无是处，即使生长在无人关注的角落里，也要保持最卑微的自尊，无论什么时候都不要忘记自己是干什么的。

每一颗心灵都是从纯净洁白开始的，只是在岁月的喧闹和繁杂中，有的被揉搓得疲惫不堪，有的被消磨得无棱无角，而有的则始终保持"猝然临之而不惊，无敌加之而不怒"的姿态，以最初的自然萌动，认清自己，并找出自己的优点。

因为自己在这个世界上总是独一无二的，以前没有一样的人，以后也不会有。做一个真实的自己，不管好坏，只要好好经营，就可以把生命渲染得色彩斑斓，和谐有序。

聪明的女人具有个性意识，懂得利用现有条件充分展示自己的才华，固守自己的思想，而不是刻意把自己伪装起来去寻求公众的评判。

很难想象一个连自己都不尊重的人，又怎能去尊重别人和被别人尊重，他的情趣又如何谈得上高雅，他的品格又如何谈得上高尚。

个性并不绽放于美丽的青春，而更蓄积于丰富的内涵；并不炫耀于漂亮的脸庞，而更沉淀于深厚的文化；并不盲目于夜郎自大的梦境，而更跌宕于忙碌的奔波；并不忘形于孤芳自赏的轻狂，而更丰硕于收获的稳健。

个性之于世间万物，是一种飞跨时间和空间的选择；个性之于聪明女人，是一种穿越生命和心灵的决绝。

女人是水做的，女人的个性与水息息相关。水，"出淤泥而不染"，能蒸发为云，能落地为雨，可以凝结为冰，可以飘扬为雪，千变万化都不失其本，变化多端而依然是水。她晶莹纯美如朝霞，纤弱细小如朝露，让人担心她会蒸发，会化掉，像不食人间烟火的仙女。

女人是水做的，既可以顾盼生辉，回眸一笑百媚生，又可以像大海，有丰富的内涵，宽阔无边，变幻不定，有时风平浪静，有时海浪滔天。

女人是水做的，像是瀑布，她纵身一跃，飞流直下。那时她除了本色不改的清爽，还有气势磅礴的奔流，刚柔并济，美不胜收！之后，经过飞珠溅玉的光辉，瀑布化为一潭碧水，含蓄内敛，永不可测。

女人是水做的，用持久的力量改变生命的状态。不论顺境逆境，从不改变自己前进的脚步。女人是水做的，温柔而不柔弱，她有自己的生活与思考。她像水一样滑过，欢快而充满活力。这样的女人对男人有强烈的吸引力！

女人是水做的，有水一样的性格，坚忍不拔；有水一样的力量，汹涌澎湃；有水一样的柔韧，水滴石穿。

女人是水做的，清新而活泼，又有着独特的韧性。她有着婉约派的孤标傲世，如同一件稀有的宝物，不宜忽略，当永远珍藏。

聪明的女人如水，清静至远，包罗万物，纤尘不染。将女人的水样温柔不知不觉地渗透在外，不落痕迹，清新洒脱。

聪明的女人希望自己和水一样，涓滴成溪，蕴涵自然界中的一切美好。在每一个细节中推敲出一个精致的女人！

聪明的女人喜欢水的状态，水展现的精神和水蕴示的心态。聪明的女人因此具备水的秉性，像水一样，柔而不弱，自强不息。

聪明的女人像水那样自如随和，水很自如，什么容器都能装。容器是有规则的，圆的就是圆的，方的就是方的，水都能适应。人生会遇到各种境遇，顺境、逆境，关键是要能随遇而安。

聪明的女人像水一样柔和，"似水柔情"，这是女人的专利。社会是个大家庭，人与人、人与事，有一种很重要的东西维系着，这就是感情。珍爱同事间的友情，真诚相待。

聪明的女人要肯定自己，喜欢自己，做好自己。像水一样，柔而不弱，展示女性的人格魅力。春的花开花落使女人疲惫，四季的风花雪月让女人憔悴，世事的纷乱，滚滚的红尘，磨砺着女人细腻柔软的心。

淡淡的风、淡淡的云，伴随的是淡淡的梦、淡淡的情。女人像一杯清茶，落花无言，人淡如菊，煎茶闻香，养心怡性。

聪明的女人会选择做一个随和的女人，随和的崇尚简单的生活，用不张扬的个性换来灵性的清净，用宽容的心来对待人生，换来内心的宁静和有条不紊。

随和的女人，就应该知道在世事的牵累、终日的忙碌中，偷出空闲，修饰自己，滋养自己，用随和的心境来呵护疲惫的心。职场的拼杀之余，白日的尘埃落定，女人应该不断充实自己，不断修复日渐粗粝的灵魂，让自己在不断地丰满中温婉和悦，展露风情。

女人一生要经历爱恨情仇，恩怨得失，这些虽无法忘记，但也可以宽宥，把沧桑隐藏在心底，让一切慢慢沉淀在记忆，远离刻薄和庸俗，不在乎贵与贱，贫与富，不计较得与失，荣与辱。坦然对情感，随和对人生。随和的女人要像秋叶般静美，淡淡地来，淡淡地去，给人以宁静，给人以遐想，给人觉得我们活得朴实而有韵味。

做水一样的女人，放达宽厚，修炼从容，用一颗善良、率直、坦荡的心去享受人生的乐趣，去品评人生的百味！

女人要注意"嘴下留情"

有人说，上帝创造男人就是为女人服务的，这句话虽然正确但不完全正确，只有会说话的女人才能让男人心甘情愿为之服务，而不会说话的女人则要靠自己的辛苦打拼才能在这个社会上生存！

男人要靠双手、靠智慧、靠关系和其他一切能依靠的东西来获得想要的一切，而女人只要有一张会说话的嘴，就能跷着二郎腿享受这世界上的美好！聪明的女人只要练好嘴上功夫就足够了，而愚蠢的女人则像男人一样去征服世界。

女人可以不漂亮，可以不聪明，但是一定要会说话。因为说话是唯一可以通过自我修炼达到幸福的秘密武器、直达幸福快车的女性秘籍。

会说话的女人工作中得到领导的关爱、下属的敬爱；生活中得到长辈的疼爱、朋友的喜爱、老公的宠爱，顺风顺水，好运连连。不会说话的女人工作中得不到提拔，不断伤害他人的同时，自己也被孤立，没有什么朋友，独守空房，凄苦一生，以泪洗面。

在现实生活中，我们却不难发现，有些女性很有知识，就是因为缺乏"嘴巴上的功夫"，因而不受人们的欢迎；有些女性朋友专业水平很高，工作能力很强，但不善于处理人际关系，因此，在职场失去了一次又一次的晋升机会。

香港著名女企业家、作家梁凤仪说："没有人会不希望自己有一个成功的人生。然而，成功的定义应该同时维系在别人的审裁与自我的感觉上。我们控制自己较易，故此，人生的第一步就是好好地反省自己，找到自己的短处，积极地加以弥补和改进。"

然而，事情都是一分为二的，都有其双面性，凡事需要一个度，过犹而不及。说话也是，尤其是对女人而言，说话要把握住这个度，不宜太多废话，闲话。说话时要考虑听话者的立场，无论是你的朋友，上司，老公，父母，还是孩子，记得嘴下留情。

《大话西游》里的唐僧肯定给不少人留下了深刻印象。如今，这个人物也出现在真实生活中。

　　一天晚上9时许，一辆驶往大桥方向的136路公交车停在了金海市场公交站台，蜂拥的乘客很快挤上了车厢。车子发动了，还没开出多远，人群中突然间一声惊叫："我的手机被偷了。"着实让乘客吓了一跳。

　　人们循声望去，只见一名中年女子双手不停地摸着自己的全身，显得十分焦急。在乘客细问下，该女子称自己上车前刚打过手机，没想到上车后手机却不见了，估计是被小偷扒掉了。之后这名丢手机的女子张口就骂了起来，各种污言秽语不堪入耳，周围的乘客都皱起了眉头。人们本以为该女子骂上两句也就打住了。谁知道一路下来，这名女子依旧"喋喋不休"，十多分钟后，公交车行至大桥下的回龙桥车站。

当车门打开时，一名男子突然对着丢手机的女子大喊："手机是我偷的。你这嘴也太晦了，手机我还你，别再骂了！"说完，该男子迅速将手中手机扔给了那名女子，随后冲下公交车。

女人这种喋喋不休的功力，对付一个小偷，固然令人佩服，但也足以体现了她不依不饶，毫不留情的处事态度。如果对待亲人、朋友也是这样，那这种态度是不可取的。

比如，女人在家庭中如果不顾子女感受随意教训，也往往劳心劳力而把家庭搞得一团糟。

5岁的丹丹用玻璃杯接水喝，不小心把杯子掉到地上，妈妈咆哮道："你可真是个笨蛋，这点事都干不好，一点用都没有……"

妈妈的这种对事不对人、直接进行人身攻击的"破坏性批评"，会导致孩子不正确的自我评价，使之丧失自信，变得自卑。

6岁的静静贪玩，不好好练琴，气得妈妈经常说："爸爸妈妈多不容易，挣钱给你买钢琴、付学费，你一点不争气，一点都不像其他孩子那么乖、那么聪明。你不好好练琴怎么对得起我们？"

这样言语，要么增加孩子的负疚感，产生自责心理；要么让孩子看不起父母，对父母的这份苦心和付出置之不理，久而久之导致孩子产生人格障碍。

欢欢数学考试得了78分，比邻居家的东东少了20分，气得欢欢妈一直唠叨："你看人家东东跟你一个班的，怎么就能考98分呢？你怎么就不能像东东，也考个98分让妈妈高兴高兴呢？父母辛苦挣钱就换来你考这点儿分？怎么生你这么一个笨儿子？瞧你这没出息样儿。"

如此拿自己的孩子与别人孩子进行横向比较，不全面分析孩子的具体情况和个性特点，一味争强好胜、要自己的面子，会导致孩子在同伴面前没有面子，失去自信，甚至使孩子不能正确地对待自己和他人，或自怨自艾或怨恨同伴。

你是女人，是做了母亲的女人，在你的家庭是否会出现这样的一幕幕？这样的看似不起眼的小事情？如果任由其日积月累，将来没准是要变成大问题的，没准是要给我们的家庭教育带来苦果的，没准有一天我们要为此付出沉重的代价的。

"良言一句三冬暖，恶语伤人六月寒。"同样是语言，功效却截然不同。女人尤其是做了母亲的女人，要注意"嘴下留情"，多关爱你身边的人，多为他们考虑，科学地教育孩子，疼爱孩子，多用"良言"，禁用"恶语"。否则，你的一生，永远也不会幸福。

什么样的男人，值得你用一生回报

不知为什么，到了 21 世纪的今天，希望婚姻白头到老、从一而终，有时竟成了一厢情愿的追求，现实中的婚姻像一件极易碎的艺术品，随时都有打碎的可能。当它被打碎的时候，女人往往比男人更痛苦，因为在观念上，在生存方面，女人受的束缚更多，女人好像从来就不是为自己而活。

想必大家都听说过歌剧《水仙女》，它是捷克作曲家安东·德沃夏克根据剧作家亚罗斯拉夫·克瓦皮尔创作的脚本改编作曲的一部抒情童话歌剧。它的主要内容讲的是：

在大森林里的一个湖中，住着一位无忧无虑的水仙女。她爱上了一位英俊的王子，为了变成人到人间去和王子相会，她只好去求助女妖。

女妖对她说可以满足她的要求，但必须以变成哑巴作为交换，同时，一旦她失去王子的爱，就必须永远以半人半妖的姿态生活在湖的最深处，而且王子也将失去生命。

历尽艰辛，水仙女终于来到人间，而且如愿地与王子相爱了。但是，就在他们举行婚礼的那一天，王子却爱上了一位公主，她是来自邻国的嘉宾。水仙女痛苦万分，只好遵守诺言，半人半妖地回到湖水深处。

不久，王子后悔了，他来到湖边呼唤水仙女，并请求得到她的原谅，但一切都已经太晚了，虽然王子忏悔地亲吻了水仙女，但最后还是死在了湖边。水仙女抱着王子的尸体，伤心欲绝地沉入了湖底……

我们伤心地看到歌剧中的水仙女为了爱情而变成人，为了和深爱的人在一起，不惜抛弃自己仙女的身份，变成凡人去爱，结果却是飞蛾扑火一样的结局。那么，现实生活中的女人又在为谁而活呢？什么样的男人，值得你用一生回报？

为男人而活的女人是多情的女人，是一个在老公面前忘我的女人，是一个只会奉献的女人，是大多数男人喜欢的女人。她们把自己的青春和情感寄托在一个男人身上，抱着嫁鸡随鸡，嫁狗随狗的思想，打算和这个自认为很满意的男人白头偕老。

这种女人的全部生活都是围绕着她的男人转，比如逛商场时不先看自己的衣服，而是先给她的男人挑选；她们和同事朋友在一起的时候，嘴里从来都离不开自己的男人。在她们的心中，自己的男人是最优秀的。为了自己的男人，她们什么事情都愿意做，甘愿默默地奉献着自己的一切。

随着岁月的流逝，她们的容颜和青春不在了，她们的男人却依旧魅力十足，甚至在她们的滋润下，过着老爷一般的日子，家里的大事小事从来不需要操心，只需要每个月定期地交上工资就可以了。

而女人却因为生活的重心全部放在男人身上而失去了自己的人生方向，她们甚至放弃了自己多年的爱好和习惯，放弃了自己原有的生活和朋友，像一朵盛开争艳的玫瑰，把最美的东西奉献给了别人，自己却在慢慢地枯萎。其实，为家庭而活的女人并不聪明，她们以为全心付出就会有相应的收获。这种女人一旦结婚成家后，她们的家庭责任感会远远高于男人。丈夫就是她们的天，家庭孩子是她们的一切。

她们每天都忙忙碌碌，没有时间和精力来打理自己——头发好久都没有做了，衣服还是结婚的时候买的，一双皮鞋已经穿了很多年，样子早已经不是现在的时髦款式。

当她们在忙碌中抱怨的时候，皱纹和内分泌失调已经不知不觉地找上门来。老公抱怨他们的女人没有当年温柔，动不动就河东狮吼，甚至说自己的女人不知什么时候变成了一个地道的黄脸婆。

所以说，这种女人是很笨很蠢的女人，相反，这种男人就是最坏最恶的男人，他们耗尽了女人一生的心血和青春，然后将其抛弃。

现在，如果有人再问，女人到底为谁而活，其实答案已经很简单了。

女人应该为自己而活，当你的容颜和青春不在的时候，你拿什么来维系你的婚姻，拿什么来牵制你的男人？

所以说，女人还是应该有自己的事业，有自己的头脑，有自己的主见，关键还要能够把握自己的命运，知道自己想要什么、想做什么和想追求什么。当然，不是说女人的奉献精神不好，而是说女人在关爱孩子和丈夫的时候不要把自己给遗忘了。聪明的女人为别人而活，更为自己而活，她们绝不会把一切的一切全部投注到一个男人或孩子的身上，她们知道怎样才能活出自己的价值。

我们常听到一些好女人这样感慨："好累呀！好烦呀！"那么，聪明女人就不烦不累吗？当然不是这样，问题是你要懂得如何生活，如何为自己而活。没有什么能比这来得更实在、更重要的了。聪明的女人为自己而活，为自己认真过好每一天，为自己全力以赴地去做好每一件事。聪明女人有自己独立的生活空间，有自己的一帮朋友。

她会在周末约上一两个知心好友去逛街，会在闲暇的时候去健身，也不忘及时去充充电。这样的女人身上有一种淡定和从容，她们的生活也许波澜不惊，但她们是美丽的、自信的、快乐的。

聪明的女人懂得生命是自己的，要为自己而活，以自己的本色活着，就是对生命最大的尊重。相信这句话，你不要去为任何人而活，包括你爱的人。

你可以为他献出生命、牺牲一切，但一定要自强。当爱情来了的时候，不够聪明的女人就变成了智力"低能儿"，把自己的全部身心都交给了那个自己以为可以托付一生幸福的男人。而聪明的女人不会让自己变成弱智，而是会保持自强的本性，她们懂得怎样才能让自己得到对方的珍惜。